# 小城镇城市空间形态控制策略研究与实证分析

陈 萍 著

### 内 容 提 要

本书的研究内容是一项跨学科的大胆创新研究，研究内容的主体是作者于2014年完成的河南省科技厅项目“基于遗传学的小城镇空间形态控制策略与实证分析”的成果内容。该课题基于遗传学的视角，立足城市形态学的基础，运用基因理论的控制方法，研究小城镇在中国的新型城镇化过程中空间形态基因系统的进化过程，针对基因突变和催化剂效应过强等现象，对小城镇空间形态的演进特点和控制策略进行了全新的阐释。

**图书在版编目(CIP)数据**

小城镇城市空间形态控制策略研究与实证分析/陈萍著. --北京：中国水利水电出版社，2015.7（2022.9重印）

ISBN 978-7-5170-3430-8

Ⅰ.①小… Ⅱ.①陈… Ⅲ.①小城镇－城市空间－空间形态－研究－中国 Ⅳ.①TU984.2

中国版本图书馆CIP数据核字(2015)第172238号

**策划编辑：杨庆川　责任编辑：陈　洁　封面设计：马静静**

| 书　名 | 小城镇城市空间形态控制策略研究与实证分析 |
|---|---|
| 作　者 | 陈　萍　著 |
| 出版发行 | 中国水利水电出版社<br>（北京市海淀区玉渊潭南路1号D座 100038）<br>网址：www.waterpub.com.cn<br>E-mail：mchannel@263.net（万水）<br>sales@mwr.gov.cn<br>电话：(010)68545888（营销中心）、82562819（万水） |
| 经　售 | 北京科水图书销售有限公司<br>电话：(010)63202643、68545874<br>全国各地新华书店和相关出版物销售网点 |
| 排　版 | 北京厚诚则铭印刷科技有限公司 |
| 印　刷 | 天津光之彩印刷有限公司 |
| 规　格 | 170mm×240mm　16开本　13.75印张　246千字 |
| 版　次 | 2015年11月第1版　2022年9月第2次印刷 |
| 印　数 | 2001-3001册 |
| 定　价 | 42.00元 |

# 前　言

中国传统的小城镇以独特的地域性特征系统不断向前进化发展，这是一个动态演进的过程。在相当长的一个时期内，传统小城镇以其自身特有的演进方式向世人展示了具有中国传统文化特征和社会经济特征的小城镇空间发展格局。然而，随着中国新型城镇化的纵深推进，政策与经济对小城镇发展的影响逐渐超越了地域文化、生活的影响，成为传统城镇发展的主导力量。作为上连城市，下接农村的小城镇，在快速城镇化的外力推动下发生了巨大变化。作为承载新型城镇化过程中振兴地方经济、转移农村劳动力的重要节点和载体，小城镇由于种种急功近利的开发和不加控制的发展，城镇的功能布局、交通、设施、污染等带来的矛盾日益突出，城镇形态畸形发展的问题越来越严重，这无疑对小城镇空间形态体系的可持续发展带来了严重影响。

面对这种威胁，学者们试图通过对国内外有关小城镇空间形态的研究，寻找破解社会经济发展与小城镇空间更新之间的矛盾的方法。然而，国内外关于小城镇空间形态的研究虽然较多，但大部分是基于城市规划、社会学等学科的独立研究，对于小城镇的空间形态控制策略和方法的研究也往往将物质空间的规划与社会空间的发展割裂开来，或者仅仅阐述他们之间的互动关系。这样的控制方法和策略必然将小城镇发展中所面临的矛盾双方对立起来，无法真正调和引起矛盾的各项要素之间的关系。新型城镇化推进中产生的新问题，需要我们用新的思路来看待和解决。

本书的研究内容是一项跨学科的大胆创新研究，研究内容的主体是作者于 2014 年完成的河南省科技厅研究项目“基于遗传学的小城镇空间形态控制策略与实证分析”的成果。该课题基于遗传学的视角，立足城市形态学的基础，运用基因理论的控制方法，研究小城镇在中国的新型城镇化过程中空间形态基因系统的进化过程，针对基因突变和催化剂效应过强等现象，对小城镇空间形态的演进特点和控制策略进行了全新的阐释。

与国内外同类技术相比，本书研究内容的创新之处在于将小城镇作为完整的独立有机生物体进行研究，系统地梳理了存在于有机体内的各类有机构成要素的分类、特征和维持系统稳定的要素，对于小城镇综合形态控制的发展具有全局性意义。同时，基于新型城镇化快速推进的大环境，考虑全面推进小城镇发展的目标，选取具有典型新型城镇化发展背景的小城镇进行普适性实证研究，即针对具有显著地域文化特征、地域产业特征的小城镇进行实证研究。研究成果也适用于缓慢稳定发展的普通型小城镇，推广应用强；对于不同地域特征的小城镇，尤其对于缺少明显地域文化特征和产业特征的小城镇具有普遍性的指导意义。

本书的主要研究成果包括以下三个方面。首先，引申了小城镇空间形态基因概念，总结归纳了小城镇的“基因”遗传现象，即原生性城镇“基因”系统中的三种遗传现象：原型遗传、再生遗传、变异遗传。通过三种遗传现象的特征对小城镇遗传系统的特点和演进规律进行辨析。其次，研究创造性地提出遗传学视角下小城镇空间形态的有机构成要素，包括核心要素——地域性特征的认知，以及土地要素、人口要素、交往与空间要素、经济要素和社会政治要素。以遗传学视角将小城镇聚落空间形态看成一个统一的有机整体，从基因要素的角度分析这些构成要素在遗传系统内的组合法则和相互关系，以解决当下小城镇空间形态在快速经济发展过程中所面临的失衡危机。第三，研究通过构建小城镇形态基因系统理论，结合部分小城镇实地调研和规划设计的实证分析，将基因控制理论与实证分析结合，通过对小城镇形态基因有机构成要素的分析，以及对遗传系统核心要素的改变引发遗传系统的失衡危机的论证，提出小城镇空间形态基因控制策略，包括建立整合机制的控制策略，作为催化机制的控制策略，小城镇适宜空间尺度的建构策略，以及在具体规划设计中的应用表现。

设计院的同仁在本书的出版过程中鼎力相助，为基础理论的实施提供了许多可操作的实践机遇和项目工程的案例；而我的学生为项目的研究做了大量的工作，王璐、沈冰、曹亚宾、海东、杨泽众、温迪、吴丹、张迪等同学帮助整理了大量的基础资料，并参与了大量小城镇的规划编制和设计工作，保证了本书的顺利完成。在此，向他们以及在本书撰写过程中给与帮助和支持的朋友们表示由衷的感谢。

陈萍

华北水利水电大学建筑学院

二零一四年九月一日

# 目　　录

# 第一章　绪论

## 一、小城镇城市空间形态控制策略的研究现状

### (一)国外主要研究动态

1. 基于历史理论的研究

西方著名城市研究学者培根(Baken,1976)、吉尔德恩(Giedion,1971)、科斯托夫(Kostof,1991)、芒福德(Mumford,1961)、拉姆森(Ramussen,1969)和斯乔伯格(Sjoberg,1960)等对传统城市研究做出了主要贡献。他们的著作除了详尽地描述了西方城市历史形态演变过程之外,亦讨论了引起其变化的原因。培根提出城市空间设计应包括对城市总体形态关键性要素进行控制,保留城市原有空间体系和城市结构,从而使后期的局部设计与原有城市格局相呼应。而在此基础上的城市设计是一种过程设计,它是城市发展不同阶段产生的价值观的反映,是一种动态的变化叠加而形成的设计。芒福德认为,城市,无论在物质上还是在精神上都是人类文化的沉积。因而,他始终倾注全力于研究文化和城市的相互作用。他的两部力作《城市文化》和《城市发展史》都集中反映了这一思想。他认为,如果说今天的社会已经瘫痪,这不是因为没有改变的手段,而是因为没有明确的目标。没有目标,就没有方向;没有一致,也就没有有效的实际行动。要重构大城市仅靠制定当地的交通规划或建筑法规等等是不够的,必须改变大城市的基本经济模式,必须制止人口增长,制止建成区的不断蔓延,制止难以控制的“巨大”和不合理的“宏伟”。在城市中,外来的力量和影响相互交融,它们的冲突和协调对于推进城市的发展都一样重要。城市最好的经济模式是关心人和陶冶人。

2. 市镇规划分析

古典市镇规划分析起源于欧洲中部,以德国的斯卢特(Schlter,1899)为代表的“形态基因”研究(Morphogenesis)是其最早的理论基础。“形态基

因”在康泽恩(M. R. G. Conzen,1960)的著作中得到进一步发展,通过分析欧洲中世纪城镇,规划设计元素被划分为街道和由他们构成的交通网络;用地单元(plots)和由它们集合成的街区;以及建筑物及其平面安排。依靠创立并运用以下概念方法:“规划单元”(plan unit)、“形态周期”(environmental period)、“形态区域”(environmental regions)、“形态框架”(morphological frame)、“地块循环”(plot redevelopment cycles)和“城镇边缘带”(fringe belts),康泽恩的研究在英国形成了康泽恩学派。康泽恩对城市形态研究的贡献可概括为五点:(a)建立了基本的市镇规划分析体系;(b)第一次在英文地理文献中使用完全的过程演变的方法;(c)确立以独立的基本地块为研究单位;(d)使用详细的地图配合实地调研和文献分析的研究方法;(e)发展了城镇景观的概念(Whitehand,1987)。

3. 城市功能结构理论

形成于美国的形态理论有两个主要分支:第一是20世纪20年代出现的被称作文化形态研究的伯克利学派,它的主要研究对象是民居聚落而非城市;第二是形成于芝加哥大学社会学系的芝加哥学派,这一学派从人类生态学角度,研究经济和社会因素对城市形态的影响,运用折衷社会经济学理论强调城市用地分析。

社会学家伯吉斯(Burgess,1925)创立了同心圆理论。该理论指的是城市的不同用途土地围绕单一核心,有规则地向外扩展,形成以同心圆形为特征的城市形态。同心环模式共有五环。第一环为中心商业区,它位于五环的核心,城市地理位置优越。中心商务区的英文简写为CBD,CBD是一个城市中所有主要商业、办公机构、事务所和零售商店的集中地,一般来说是城市最古老的部分。从历史上分析,这一地区通常是各个阶段城市化的遗迹。第二环为过渡区,这里聚集了很多下层居民,包括黑人、移民、流浪汉等,还有较多的工厂和仓库。一般来说,同心环的第二环是城市中房屋建筑破败、世风腐化、犯罪率最高的地区。第三环是工人住宅区,这里环境比第二环好很多,住户多为蓝领工人,住房较为简陋,多为比较拥挤的连排住宅或者廉价的预制独户住宅。第四环是中产阶级住区,住户多为白领阶层,比如专业技术人员、管理人员、小商人、职员等。房屋建筑类型以高级公寓和独门独院为主。第五环为通勤区,是城市最外围的一环。这里的住户多为上层和中上层社会的人,房屋建筑比较豪华,环境相当优美。这里的居民大多在城市中心区工作,他们使用公共交通或者自己的小汽车,上下班往返于两地之间。随着城市的发展,城市规模不断扩大,CBD也随之扩展。这样很有可能导致地价上涨,迫使第二环、第三环的低收入居民向外迁移。因城市增长而产生的持续压力推动同心圆各环形区域不断向外移动，表现为土地及房屋由较高收入阶层向低收入阶层转移，这种现象叫做住房“过滤”(Filtering)现象。当然，还有另外一种情况——中心区不断改善，中高收入阶层也可能回迁到市中心地区，这种现象叫做逆郊区化现象。从本质上来说，同心圆地域结构也是城郊二分法的体现——内部四个圈层为城区，外部为郊区。

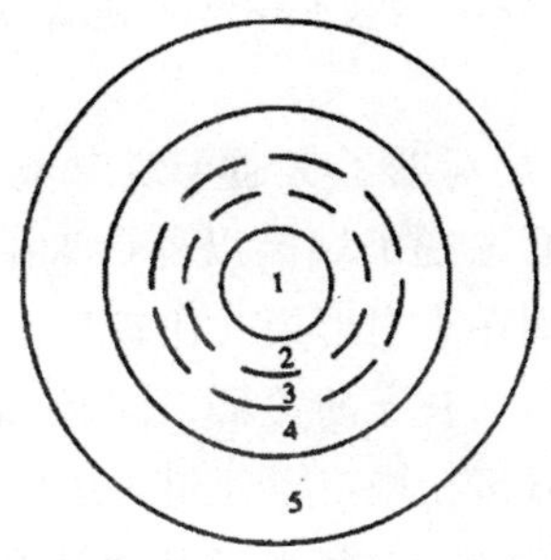


1—CBD；2—过渡性地带；3—工人阶级住宅区；4—中产阶级住宅区；
5—高级或通勤人士住宅区(Commuter Zone)

**图 1-1　伯吉斯的城市地域结构的同心圆模型**

霍伊特(Hoyt，1939)发展出扇形区理论。基于对 142 个北美城市房租的研究和城市地价分布的考察，美国土地经济学家 H. 霍伊特(H. Hoyt)得出这样一个结论——不管是高地价地区还是低价地区，它们都会在城市某一侧或一定扇面内从中心部向外延伸，呈楔状发展；扇形内部的地价是保持不变的，不随离市中心的距离而变动。霍伊特据此得出了与巴布科克(Babcock)类似的结论，即城市的发展总是从市中心向外沿主要交通线或沿阻碍最小的路线向外延伸。此模式在保留了同心环模式的经济地租机制的基础上，新增了放射状运输线路的影响，即对于线性易达性以及定向惯性的影响。此种模式使城市向外扩展的方向呈不规则式，城市内部各土地利用功能区的布局呈扇形或楔形。

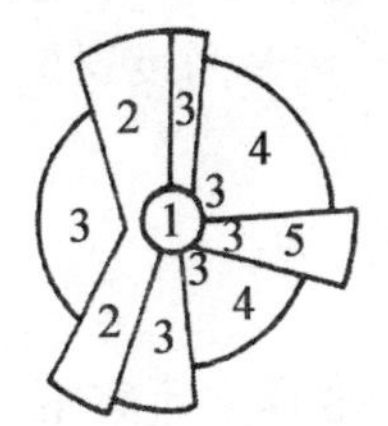


1—中心商业区；2—批发和轻工业带；3—低收入住宅区；
4—中收入住宅区；5—高收入住宅区

**图 1-2　霍伊特的扇形理论示意图**

霍伊特把城市中交通的易达性分为两类:中心的易达性和沿着辐射运输路线所增加的易达性。其中,前者叫做基本的易达性,后者称附加的易达性。他认为对附加易达性最为敏感的是轻工业和批发商业,故在城市形态上呈现为一个左右隆起的楔形。在居住区方面:贫民多居住在环绕工商业土地利用的地段,而中产阶级和富人大多则沿着交通大道或河道、湖滨或高地向外发展,自成一区。当人口增多时,内部的贫民区要向外发展,由于它们不能朝中产阶级和高级住宅区发展,只能朝着其他的不会受阻的方向作放射式发展。

霍伊特的扇形理论虽然新增了交通干线对城市地域结构的影响,但仅仅分析了城区结构形态,而忽视了城区以外广大地域的结构形态。与同心圆模式相比,其最大的差别在于扇形模式比较针对居住用地,同心圆模式则考虑了城市全域;二者是相互补充的关系。同时,扇形模式没有对扇形做较明确的定义,过分强调了财富在城市空间组织中所起的作用;并且将理论基础仅仅建立在房屋租金的基础上,忽视了其他社会经济因素对形成城市内部地域结构所起的重要作用。这使得其作为控制城镇空间发展具有一定的局限性。

哈里斯(Harris,1925)和尤曼(Ullman,1945)发展出多核心城市理论。多核心模式假设城市内部结构包括主要经济胞体(CBD)和次要经济胞体两个部分。前者较为集中,后者则散布在整个体系内。这些胞体包括未形成城市前的各低级中心地和在形成城市过程中的其他成长点。这些中心地和成长点会随着整个城市的运输网、工业区或各种专业服务业,如大学、研究中心等的发展而发展。其中交通位置最优越的区域成为中心商业区,其他的中心则分别发展成次级或外围商业中心和重工业区。

城市功能结构理论作为城市形态研究的一部分是因为它关注城市用地,而规划和建筑设计仅被视为城市用地的载体。另外,相对于解释城市内部不同功能分布的城市功能结构理论,克里斯托尔(Christall)的“中心地理论”(central place theory)分析了城市之间的空间及规模关系。城市功能结构理论反映了从社会经济学角度研究城市用地发展关系的城市形态方法。

4. 基于地理学的研究理论

20世纪初期,一方面由于地理学研究本身发展起来,同时另一方面因受哲学界科学分类法的影响,城市形态的研究成为一项普遍关注的研究专题。这一时期,比较有名的是德国地理学家奥托·施吕特尔(O·Schliiter),他的《人文地理学的形态学》对城市形态的研究产生了重要的影响。

他认为形态是由土地、聚落(包括人口)、交通线和地表上的建造物等要素构成的,并把其称为“文化景观”。在他的影响下,逐步使聚落形态的分类得以科学地建立起来,从而奠定了聚落形态研究的理论基础。此后,在不少学者研究推动下,重点研究并不再仅以聚落形态或其历史变化的静态描述为目的,而是深入到城市内部,探讨城市内部结构形态与社会、经济方式和功能的关系。同时,提出了城市形态的主要分析要素:街道平面布局、建筑风格及其设计、土地利用等等。在方法上,多数从历史的角度,研究三要素的关系,尤其是城市建设与土地利用之间的相互影响,以巩固这种联系和影响造成的城市形态演变。

5. 行为环境理论

在规划、建筑界,主要是以人对环境的感知和效果为主题来研究。如考夫卡(K·Koffka)的“行为环境”论,莱文(K·Lewina)的“生活定向”,陶鲁曼(E·C-Tolman)的“形态地图”以及罗西(A-Rossi)的“形态—类型学”等理论和方法。凯文·林奇(Kevin·LynCh)的《城市形态》,创立了心理知觉学派,他与吉伯德(F·Gibberd)等的“市镇规划派”所倡导的客观形态构造为研究对象相反,“企图追求主观的形态构造”并提出了路径、边缘、区域、节点、目标五个要素,通过分析要素之间的关系,把观察者头脑中的城市形象加以系统的研究,使城市形态的研究超出客体而深入认知主体的人。

6. 建筑学的方法

在大量的形态理论研究中,由建筑师与城市设计师发展出的一系列方法对理解城市形态提供了独特的视角,其中最为突出的包括类型学(typological studies)与文脉研究(contextual studies)。类型学起源于意大利与法国,意大利建筑师玛拉托利(Mara tori)、坎尼吉亚(Canniggia)和罗赛(Rossi)奠定了类型学的基础。根据罗赛(Rossi,1982)的解释,类型是普遍的,它存在于所有的建筑学领域,类型同样是一个文化因素,从而它可以在建筑与城市分析中被广泛使用。由于类型学关注于建筑和开敞空间的类型分类,解释城市形态并建议未来发展方向,类型学的方法在欧洲建筑设计及城市景观管理中得到了广泛的应用。文脉研究着重于对物质环境的自然和人文特色进行分析,其目的是在不同的地域条件下创造有意义的环境空间。文脉研究在艾普亚德(Appleyard,1981)、卡勒恩(Cullen,1961)、克雷尔(Krier,1984)、罗(Rowe,1978)和赛尼特(Sennett,1990)的著作中被广泛讨论。其中最有影响的概念是卡勒恩的“市镇景观”(townscape),这一概念的建立基于两点假设,一是人对客观事物的感觉规律可以被认知,二是这些规律可以被应用于组织市镇景观元素，从而反过来影响人的感受。通过分析“系列视线”(serialvision)、“场所”(place)和“内容”(content)。卡勒恩指出，英国1950、1960年代的“创造崭新、现代和完美”的大规模城市更新建设和富有多样性特质的城市肌理(包括颜色、质感、规模和个性)相比较，后一种更有价值和值得倡导。这一思想对中国改革开放以后城市快速发展的现状同样有深刻的启发作用。

7. 城市精明增长理论

随着20世纪50年代后世界城市化进程的加快，人口集聚度加强，带来了城市形态研究的新阶段，主要研究方法转向数量化和模式化，开始了将城市形态单纯的定性描述转向精确定量化的理论分析。如美国环境学者和城市规划师根据城市蔓延问题提出了“城市精明增长”的思想，并采取了多种措施努力去抑制和纠正这样的发展趋势，比较普遍的有3种措施。例如，首先是利用一种被称为“提供足够的公共设施条例”的政策措施。鼓励在原有基础上内聚式发展，主要是通过土地盘整、提高公共服务设施的水平和质量、吸引人们继续在本地生活和居住；另一种被证明行之有效的措施是利用“城市绿带”来限制城市蔓延和保护开放空间；还有一种与此相像的政策是确定城市增长边界，这种措施是要确保城市人口增长带来的建成环境面积的增长，避开需要保护和限制的区域，例如生态敏感区域和开敞空间等。

**(二)国内主要研究动态**

20世纪80年代以来，随着我国经济体制改革的不断深化，对外开放的深入和土地使用，市县管理、户籍等相关政策的改革，使城市的发展得到了新的动力，城市形态发生空前变化。关于城市形态的研究在我国得到了广泛关注，也获得了可喜进展，体现出与国家和城市规划建设实践密切结合，并纷纷围绕城市规划设计、生态环境保持、历史文化名城保护等现实问题进行应用性研究。

空间结构是城市形态的内在依据，围绕城市或小城镇的空间结构的研究更为广泛。如段进的《城镇空间解析——太湖流域古镇空间结构与形态》，赵万民的《龚滩古镇》、《宁厂古镇》，李浩的《生态学视觉的城镇密集地区发展研究》等等；围绕小城镇形态研究的有：谭颖的《苏州地区城镇形态演化研究》、麦丽君的《番禺沙湾城镇形态演变研究》、赵柯的《渝山地小城镇形态演化发展研究》、李班的《珠江三角洲核心区城镇空间形态演变1979—2008》、纪立虎的《交通轴沿线的城镇发展与形态演变》、傅诚的《湘北丘陵地区小城镇空间形态研究》、张海的《沙湾古镇形态研究》、张杰的《苏锡常地区社会转型时期城镇新区形态演变研究》等等都以不同研究对象和研究方法探讨了小城镇形态问题。研究小城镇形态及其建设问题也颇受学者关注。如宋杨的《城市用地形态不容忽视》，赵柯、王晓文的《渝山地小城镇传统形态》，孟建民的《江南地区小城镇物质形态初探》，杨山的《南京城镇空间形态的度量和分析》，陈泳博士的《苏州古城结构形态演化研究》，张鹏举的《小城镇形态演变的规律及其控制》等等都从土地利用、经济、社会、环境协调发展角度探讨了小城镇的空间形态控制问题。

综上所述，国内外关于城市空间形态研究成果主要体现在三个方面：一是关于城镇群体的空间形态研究；二是有关城市内部空间形态的研究；三是关于城市形态总体演化规律的研究。这些研究成果从不同角度、层面和学科为本课题的研究提供了基础和依据，对本研究的深入开展具有重要的学术参考价值。但是，纵览城市形态的国内外研究，基于小城镇空间形态控制策略的理论研究相对较少，从形态基因方面系统研究小城镇空间形态的理论更是不足。因此，本研究基于城市形态学和遗传学等多学科的研究，构建小城镇"空间形态的基因控制策略"的学术研究框架。

## 二、基于生态遗传学视角的小城镇城市空间形态控制策略的研究

### （一）研究的缘起

在相当长的一段时期内，中国传统的小城镇都以独特的地域性"遗传基因"系统不断向前进化发展，这是一个动态演进的过程。某一时期的城镇结构不会凭空产生，而是在特定的历史基础上形成的。城镇发展与政治、社会、经济、技术、文化、生活等因素休戚相关、一脉相承，他们之间既有一定的必然性，也有一定的偶然性。这一动态过程是生态的、循序渐进的演化过程，作为活性生物体的小城镇具有属于自身循环适应性的形态基因系统，而这一系统只有在动态的良性演变过程中，才可以保证其"遗传基因"的稳定性和健康的良性循环。

随着中国新型城镇化的纵深推进，政策与经济对小城镇发展的影响逐渐超越了地域文化、生活的影响，成为传统城镇发展的主导力量。作为上连城市、下接农村的小城镇，其原有的"遗传基因"系统在快速城镇化的外力推动下发生了具大变化。作为承载新型城镇化过程中地方经济振兴、转移农村劳动力的重要节点和载体，小城镇由于种种急功近利的开发和不加控制的发展，城镇的功能布局、交通、设施、污染等无序扩张带来的矛盾日益突

出,城镇形态畸形发展的问题越来越严重,无疑会对小城镇形态体系的未来可持续发展带来严重影响。本课题研究基于遗传学视角,运用基因控制理论,就小城镇空间形态的遗传基因系统构成要素、稳定特征、失衡危机及应对策略展开理论探索与研究;同时,结合虞城县的具体要素分析和相关总体规划对小城镇空间形态控制的案例进行实证分析和研究。

### (二)研究的背景

在小城镇面貌不断更新、经济不断发展的过程中,小城镇"遗传基因"体系也遭遇了前所未有的外力影响,快速城镇化的外力注入使得经济结构发生重大变迁,"旧貌换新颜"的同时,许多基因系统中的典型遗传要素在经济手段的刺激下不断退化和消失。小城镇中心区的功能趋于复杂化和多元化的同时,传统城镇形态受到极大冲击,人与自然和谐共生的关系遭到破坏,地方风貌和人文特色逐渐丧失亦让人忧虑。这种忧虑来自两个方面:一方面,小城镇作为农村城市化的地域单元,是促进地方产业聚集的经济发展载体,即小城镇开发的脚步不能止步于对传统体制;另一方面,小城镇是周边人文、生态圈的构成要素,具有深厚文化内涵、生态良性循环的人类居住环境,即小城镇建设不能无序扩张,不能以眼前利益破坏小城镇的可持续发展能力。任何以绝对经济目标为代价的短时利益刺激,都将导致遗传基因系统的失衡危机。

因此,如何应对快速城镇化发展对小城镇遗传基因系统造成的不利因素,防止遗传统系统崩溃,成为小城镇可持续发展面临的当务之急。小城镇空间形态必须从单一满足经济发展的要求转向为社会、经济和环境的协调发展提供可能性。在传统与现代的转型时期,以一种动态的视角,从遗传学的角度深入探讨小城镇中心区空间形态的演变过程、现实特征,控制无序扩张现象,寻求系统的、合理的、可持续的小城镇空间形态控制方法,对于小城镇及其同类型城镇的空间形态演进和发展具有重要的理论与现实意义,也是本课题研究的主要方向和内容。

### (三)研究对象的界定

本文研究对象为小城镇空间形态的控制策略,通过对小城镇形态发展影响要素的分析,建立小城镇空间形态控制的遗传基因理论,为小城镇空间形态控制策略提供有效的理论依据和有利的实证分析。

#### 1. 城市形态(urban morphology)的概念

城市形态是城市集聚地产生、成长、形式、结构、功能和发展的综合反映。狭义的城市形态，主要是指城市实体所表现出来的具体的空间物质形态。广义的城市形态研究包括社会形态和物质环境形态两个主要方面，不仅仅是指城市各组成部分有形的表现和城市用地在空间上呈现的几何形状，更是一种复杂的经济、文化现象和社会过程，是在特定的地理环境和一定的社会经济发展阶段中，人类各种活动的结果，是人们通过各种方式去认识、感知并反映城市整体的意象总体。本书所述的城市空间形态指的是广义的城市形态，包含了物质和非物质两部分，涉及城市各有形要素的空间布置方式、城市社会精神面貌和城市文化特色、社会分层现象和社区地理分布特征以及居民对城市环境外界部分现实的个人心理反映和对城市的认知。

广义的城市包括村落—镇—小城市—中等城市—大城市这一序列构成。本书中涉及的城市形态主要是县域范围内小城镇的城市空间形态。

2. 形态建成(morphogenesis)

形态建成在遗传学中指的是多细胞生物既有时间上的分化，又有空间上的分化。在个体的细胞数目大量增加的同时，分化程度越来越复杂，细胞间的差异也越来越大，而且同一个体的细胞由于所处位置不同从而在细胞间出现功能分工，头与尾、背与腹、内与外等不同空间的细胞表现出明显的差别。因此，胚胎发育不仅需要将分裂产生的细胞分化成具有不同功能的特异的细胞类型，同时，要将一些细胞组成功能和形态不同的组织和器官，最后形成一个具有表型特征个体，这一过程称为形态建成。在形态建成的过程中，细胞间的位置关系要发生改变，同功能细胞组成组织，其关系密切，与不同功能的组织细胞进行协调工作，共同维持个体生命。

这一概念最早由德国的斯卢特(SchlUter,1899)引入城市研究中，将城市看作一个动态演变的生物有机体，以研究有机体形态形成及产生变异的生物学过程。

3. 形态基因(Urban Morphogenesis)

形态基因的研究在于探索城市形态形成及演变的内在逻辑和线索，城市和建筑的形态生成可以理解为受到类似于生物有机体基因信号的内在逻辑的影响。因此，本课题是基于城市形态学和遗传学理论的交叉研究，文中所指的形态基因是控制小城镇形态要素性状的基本遗传单位，具有自我复制和基因突变的特点，其内涵是针对小城镇遗传体系中“复制、转录、表达、完成”的生成过程和规律演进的探索与研究，包含物质与非物质两个层面。

**(四)研究的主要内容**

1. 城市学与遗传学的交叉应用

研究借鉴遗传学的分析方法,基于城市形态学的研究基础,将小城镇形态基因研究分离出来,结合中国新型城镇化的发展特征,将“形态基因”概念进一步引申,构建小城镇“形态遗传基因体系”的研究框架,并在该框架内通过对形态基因的有机构成、失衡危机、控制策略的分析和论证,为小城镇空间形态的基因遗传系统提供良性发展策略,解决小城镇在快速城镇化进程中由无序扩张带来的功能布局、交通、设施、污染、城镇形态畸形的问题。

2. 构建小城镇空间形态基因控制理论

研究对国内外城镇化、城市形态和小城镇形态等相关概念和理论进行分析和梳理,构建小城镇空间形态基因控制理论,以改善小城镇建设无序扩张、发育不足、后继乏力等问题,为小城镇和区域经济的快速健康发展和良性互动提供有利实证研究和理论依据。

3. 系统梳理了小城镇形态基因有机构成并提出相应控制策略

研究以小城镇形态“遗传基因”理论为基础,结合虞城县小城镇的实证分析,以及典型小城镇总体规划的案例研究,试图发现、反思以往建设中形态控制存在的突出问题。同时,找出危及小城镇形态演变的影响因素,根据小城镇空间形态“遗传基因”重构的原则和内容,以及基因系统的控制策略和方法,提出快速城镇化背景下小城镇面对日益发展的“遗传系统”失衡危机的基因控制策略。

## 三、小城镇城市空间形态的基因控制策略的研究价值

本书研究的价值在于,将小城镇看作一个动态发展的有机体,从遗传学的视角,结合城市形态学理论,研究小城镇空间形态的遗传基因控制方法。有助于我们从理论分析和实证量化的双重角度,以一种动态的视角,从生态发展的维度深入探讨小城镇空间形态的演变过程、特征,控制无序扩张现象,寻求系统的、合理的、可行的小城镇空间形态基因控制方法。为合理科学地制定小城镇发展方案和相关配套政策、措施,促进小城镇经济、人文、生态综合体系的可持续发展提供新的理论支撑和参考数据。

# 第二章　小城镇空间形态基因控制理论的构建

## 一、作为生物有机体存在的小城镇

早在古罗马时期，维特鲁威就以将人体尺度完美地置于方形与圆形之内的方式，将人体的比例尺度投射于建筑设计中。这可能是人类关于在物质空间中投射人体形态的最早的本能意识表达。随着生物学和遗传学的逐步建立和发展，这种类比逐渐出现在城市建设的运用之中，强调城市的"生命"特征。1977 年《马丘比丘宪章》提出：城市，作为生命有机体，它的内在秩序的建立是通过系统内各组成要素的复杂的相互作用所导致的自组织行为而形成，并在整体的关联中维持着"生命"的平衡。

作为城乡体系中承接城市与乡村功能转移的小城镇兼有城市人工和乡村自然属性的双重特征，小城镇不仅是一个容器，而且是具有生命，能够传达遗传信息，并进化、变异的"生物有机体"。小城镇生活的特性给当地居民带来有别于乡村和城市的城镇性，包括路网格局、用地形态、居住形态、出行方式、交往方式、社会结构、文化素质、生活习惯以及谋生手段等等。小城镇不仅与乡村和城市不同，各个小城镇之间也大不相同，每个小城镇除了具备所有城镇共性外，都有其独特的个性特征。这种现象类似生物的"基因"遗传和变异。面对一些历史遗留下来的古乡古镇，我们为它们形态的浑然天成所折服，为它们天然肌理中透露出的亘古不变的强烈生命力所惊叹，更令人赞叹不已的是在这种生命力中似乎蕴含着一种自在自为的永恒规律。就在这种无序与有序的交织中，我们可以清晰地发现其中蕴藏的城镇肌理演化的内在秩序——遗传基因的传承力量。

## 二、遗传学视角下的小城镇形态基因解析

### (一)小城镇的“基因”遗传现象

基因(Gene)是指携带有遗传信息的DNA或RNA序列,也称为遗传因子,是控制性状的基本遗传单位。基因所携带的遗传信息决定生物的形态和特征,是生物生存之本。由于各种生物的形成都经过了长期进化的历史过程,它与所处的环境形成了高度的协调并平衡统一。一旦环境发生改变,生物遗传物质也会随之改变,当这种改变积累到一定程度时就会引发生物体的进化,形成新的物种类型。

基因有两个典型特点:一是能完整地复制自己,以保持生物的基本特征;二是能够“突变”,大多数突变会导致疾病,只有一小部分是非致病突变。“非致病突变给自然选择带来了原始材料,使生物可以在自然选择中被选择出最适合自然的个体。”

城镇作为一个充满活力但又复杂的有机体的表象特征,也存有一些基因的特性。这类“基因”是城镇空间形态在其长期发展过程中所形成的城镇外在属性,直接反映城镇的内在本质,并在城镇发展演化的过程中不断进行遗传变异。

小城镇的“遗传基因”系统在城镇发展和扩张的过程中完整地复制自己,以保持城镇的基本特征。比如一些古乡古镇在几千年后还是能折射出以往城镇的影子,这就是小城镇一直在不断延续,不断自我复制,实现着它的遗传功能。同时,由于外部环境和突发事件的刺激,小城镇空间形态会发生相应的变化,从而形成新的城镇发展形态。

### (二)原生性城镇“基因”系统中的遗传现象

我们在此把原生性城镇各类具有代表性的城市空间,经济、文化特征,生活、习俗特征比作生物体中的基因,透过“基因”进化的混沌现象,可以看到小城镇“基因遗传”系统中的不同遗传现象。

#### 1.“再生遗传”

对于同一地域的小城镇,其空间形态无论从整体还是局部来看,都具有某种相似性。城镇肌理一旦建立,在某种程度上就确定了其内在的基本构成与联系,这就是一个小城镇虽然几经变异,而面貌依旧的原因。同时,从公共生活习俗至居民生活习惯,延续数十年甚至数百年依旧保留着一种内

在的传承脉络。这种不断重复出现，趋向于同一方向，遵循同一准则的现象，我们可以称之为“再生遗传”现象。再生遗传是保证小城镇基本性状单元的基础遗传现象。

2.“原型遗传”

在一定地域范围内的城镇建设中，总有一个或数个相对最为成熟而完美的小城镇空间形态，人们以它为“蓝本”，争相模仿。地域内其他原生性城镇都可视为是其不同程度的变形与复制；对于同一原生性城镇而言，一个历史时期的典型小城镇已经为它未来的发展奠定了坚实的核心和框架，成为其进行遗传时的基本方向和内容。我们把这样的传统小城镇或这一历史时期的传统小城镇称之为这一地域内或某一传统小城镇发展演化过程中的原型，把该地域内的城镇向原型城镇遗传发展的演化过程称之为“原型遗传”。

3.“变异遗传”

根据生物进化发展，大多数的“再生遗传”不是一种单一的模仿复制。小城镇在再生循环的过程中，往往要根据自身的经济、社会以及文化等具体情况加以适当的改造和变异，造成对基本性状遗传因子的影响，使小城镇朝着更便利的方向发展。这种现象我们称之为“变异遗传”现象。“变异遗传”分为“积极遗传”“缺陷性遗传”和“消极遗传”三类。“积极遗传”可以理解为在城镇“遗传”系统自我调整的过程中起积极作用的遗传动力，能够有效地促进小城镇肌理朝着更为有利的方向发展。“消极遗传”则是指在短时间内，由于外界因素和突发事件的刺激，促进“遗传”系统的整体演进，但从长期发展来看，破坏系统基本结构的遗传现象。“缺陷性遗传”则是一种兼有消极和积极因素两类特征的遗传现象，也就是说，为了达到某一发展目标，由外界干预加强某一遗传特征，能够单方面促进此类要素的发展，但是从长期效果来看会影响其他因素的综合发展，进而影响整体遗传系统平衡的情况。

**(三)遗传学视角下小城镇空间形态的有机构成要素**

与传统城市规划学科不同的是，以遗传学视角来看，小城镇空间形态的构成要素是将小城镇聚落空间形态看成一个统一的整体结构，每一个作用在系统中的基因要素(包括遗传基因和非遗传基因)都是按照一定内在法则和关系组合成巨系统中的独立子系统。通常情况下，我们研究空间形态结构会专注于物质空间形态的构成要素，比如街道、公共空间和建筑，进而会关注引起一些空间结构变化的联系，比如物质联系、经济联系或者社会、政治作用等等。这种做法尽管能够清晰的分析作为小城镇遗传系统中的各个子系统以及他们的相互关系，但是很容易忽略在自然法则的前提下通过诱发遗传系统的内在动力机制而引起遗传系统的进化和演进。所以说，中国目前的小城镇尽管也经历了历次的改革和发展实践，但是总体效果是人工雕琢的痕迹越来越明显，能够为自身遗传系统所接受和保留的“再生遗传”和“原型遗传”越来越少，而非遗传性状的“变异遗传”大量的充斥在当下的小城镇遗传体系中。因此，我们需要重新看待小城镇作为一个独立的生物有机体这个现实的问题，重新定义和诠释小城镇空间形态的有机构成要素。

1. 核心要素

与大中城市不同的是，尽管小城镇在行政隶属上属于城镇概念，属于城镇化发展的基础单元，但是，中国小城镇核心的遗传密码（DNA）是自然生长的地域性特征，包括自然和人文要素。这两者反映出城镇的物质空间形态往往是明显区别于城市的空间风貌和生活模式。因此，研究和发展一个小城镇，首要的不是研究其道路、平面或者一栋建筑的特色，而是应探究这些物质形态背后的地域文化特征，进而形成一种地方信仰文化。中国的传统村落和传统的小城镇在学者和民众的保护声中为什么会越来越少？再漂亮的街巷和百年建筑也不能阻挡城镇化车轮的无情碾压，原因就在于这些物质形态的东西只能引起一部分人的共鸣，而这一部分人当中的大多数还是与当地利益无关的旁观者。

因此，对小城镇地域性特征的认知，不能再局限于对空间形态的物质性研究和保护，这种研究和保护对抗经济利益的冲击是收效甚微的。地域性特征不应该仅仅成为小城镇遗传系统当中的一个物质形态反应，而应该成为当地居民和管理者的一种共识性认知。只有当这种认知根植于当地的生活，地域性特征才能真正成为遗传系统的核心密码不断传承下去，而这种认知也会逐渐融入到地域性的文化特征，成为小城镇遗传系统进化发展的内在动力。

2. 土地要素

土地是承载小城镇发展的物质载体，缺少土地要素的支撑，小城镇遗传系统的产生和进化则无从谈起。因此，土地综合使用的效率是小城镇遗传系统良性循环发展的基础，土地的使用决定了城市空间的二维平面。小城镇的空间尺度要素都发生在土地要素之上。

时间和空间是土地综合使用的基本变量。时间不能完全脱离和独立于空间，而必须和空间结合在一起；同样，空间也必须依托时间，形成时空一体化。随着时间尺度的变化，土地的空间尺度也必然发生相应改变。通过对空间尺度的演进和变化分析，我们则可以看到土地的时间尺度的变化和演进。

### 3. 人口要素

人口要素是小城镇遗传系统中的动态要素，它的变化和演进对于遗传系统的演化方向具有决定性的意义。人口要素包括人口数量、人口素质以及人口的比例。

人口数量决定了小城镇遗传系统的规模和复杂程度，人口基数越大，小城镇的遗传系统的规模越大，复杂程度越高；反之，遗传系统的规模越小，复杂程度相对较低。人口素质的高低决定了小城镇遗传系统发展的品质。人口素质越高的地区，小城镇遗传系统的稳定性和可靠性越高，遗传系统的进化品质越好，对人口数量的吸引力成正比；反之，小城镇遗传系统的稳定性较差，进化品质较低，对人口数量的吸引力成反比。人口比例是稳定小城镇遗传系统健康发展的有利保障。这其中包括男女比例、年龄结构比例和出生死亡率的比例。男女比例、出生死亡率均衡的小城镇，其系统独立性较高，系统内外的交换性较为稳定。年龄结构比例则决定了小城镇遗传系统的活力机制。青壮年比例高的地区说明小城镇处在上升发展期，由于对经济发展和就业的迫切需要，小城镇空间形态基因系统往往处于不稳定状态；而老年比例和少年比例较高的地区，小城镇空间形态基因系统处于相对稳定的状态，但物质形态的扩张和社会形态的基因演进则受到一定限制。

### 4. 交往与空间要素

交往与空间要素是相辅相成的，必须融合在统一的系统中予以考虑，任何割裂交往与空间要素的方式都将导致小城镇遗传系统的局部“病变”。小城镇的空间要素包括线性空间要素、团状空间要素和集聚空间要素。线性空间要素主要是小城镇中的街道，团状空间要素主要是小城镇空间中的广场和外部空间，集聚空间要素则包括建筑的集聚和城镇群体的集聚。

无论哪种空间要素，都不能独立地进行分析，必须将其中的交往活动与之一起进行研究。线性空间和团状空间要素以室外空间的直觉、交流与尺度为典型特征，反应的是一种生活方式。集聚空间以相对的集中和相对的分散为特征，反应了小城镇遗传系统中各个子系统之间的相互吸引或排斥关系，或者多个遗传系统之间的吸引和排斥关系。

### 5. 经济要素

经济要素是小城镇遗传系统进化和演进的催化剂，它往往承担了遗传系统中基因突变的催化作用。经济要素是一把双刃剑。在快速城镇化的背景下，适度、理性的经济发展可以有效地促进小城镇整体系统的演进和良性进化，而过度、疯狂的经济发展只能成为小城镇遗传系统的一剂毒药，因为世界上没有哪一种遗传系统可以承受短时期内无限制的扩张和极速的膨胀。

6. 社会政治要素

通常情况下，社会政治要素在城市的发展过程中往往居于主导地位，许多城市的兴起和繁荣与社会政治的主导有着密切关系。这种方式也被应用在小城镇的建设与发展中。但是，纵观中国小城镇的发展历程，社会政治的主导因素给小城镇发展带来的负面影响较大。一方面，小城镇本身的经济要素和人口要素不足以跟上社会政治要素的发展需要，经常会出现政策与经济发展之间的偏差，难于达到预期的目的，进而推动决策者不断更换政策主导方向，使得小城镇的发展处于混乱之中，破坏了小城镇遗传系统的完整性和独立性，产生了许多基因碎片。另一方面，小城镇的本质特征是自然生长的城镇肌理，从人口到经济都有一定的承受范围和底线。外力强加的主导要素往往成为遗传系统中与核心遗传要素相对抗的基因，使得遗传系统由内而外发生崩溃，造成不可逆的损害。

因此，我们应该认识到，作为小城镇遗传系统的有机构成要素，社会政治要素应成为引导性要素，成为遗传系统进化和发展的引导基因，与人口要素、土地要素、经济要素等其他要素之间形成和谐统一的互动关系，控制遗传系统的总体进化方向。

## 三、小城镇遗传系统均衡发展的要素特征

小城镇的产业结构、人口结构和文化结构与大城市有较大差别，在长期的历史发展中，有着属于自己典型特征的遗传系统，我们把具有相对平衡和稳定遗传基因的遗传系统称之为良性遗传系统。这类小城镇遗传系统的特征主要表现为以下几个方面。

### （一）小城镇遗传系统内部层次众多、关联复杂

与城市开放复杂的巨系统相比，小城镇的遗传系统相对单一，但是作为一个开放的生物系统，小城镇的遗传系统中依旧包含若干子系统。这些子系统涵盖从政治、经济、文化、生活等等众多与城镇运行相关的内容。每一个子系统中又包含着许多嵌套的子系统。这些系统之间既有串行的树状结构，又有横向蔓延的网状、链状“系统元”。各系统之间既有统一性，又有非

匀质性和各向异性。各个层次之间、各子系统之间不是隔绝独立体，而是一个相互关联、互相包容的整体，每一个子系统、每一个层次、每一种关联都能够反映在小城镇具体的生活中。任何一个层次、一个子系统或者一种关联的进化和变异都会引起整个遗传系统内部的整体变化，进而影响整个遗传体系的进化方向和速度。

### （二）小城镇遗传系统的内外信息交换相对平衡

相对于城市和乡村而言，中国的小城镇兼有城市和乡村的双重特征，是城市和乡村之间的有效过渡带。因此，小城镇遗传系统的内外信息交换必须兼顾与城市和乡村的交换平衡，过度的倾向于农村地带进行交换的小城镇，往往面临产业结构单一、人口规模较小、文化层次较低等阻碍小城镇自身发展的问题。而过度倾向于城市空间的小城镇，受城市发展的外力影响较大，“消极遗传”和“缺陷性遗传”的基因突变占据遗传系统的主导地位，打破遗传系统内部各层次和各个子系统的关联平衡，容易造成遗传体系朝着与预期相悖的结果进化，从而改变“遗传”系统的基本性状特征。

### （三）小城镇的遗传脆弱性

由于小城镇从人口构成、产业结构到土地承载力较之城市都有较大的不足，同时，作为城乡之间的纽带，肩负着联系城乡一体化均衡发展的重任，因此，小城镇的“遗传”系统具有典型的遗传脆弱性特征。也就是说，小城镇自身的“遗传”系统并不具有较强的抗“基因突变”能力。任何外界强烈干预导致的“基因突变”都有可能在短时间内对小城镇的“基因”系统造成毁灭性的打击和不可逆的修复。

回顾我国小城镇的发展历程及其特点，中国小城镇受国家政策和社会经济变革的影响较大。当国家政策和社会经济与小城镇自身的“遗传”系统进化速度保持一致时，小城镇的发展处于稳步发展阶段；而当其速度远远超过小城镇“遗传”系统自身的进化速度时，往往对这一时期的小城镇发展影响较大。如表 2-1 所示的中国建制镇发展数据可以看出，1978 年以后的小城镇在经历了建国初期到改革开放前的动荡时期之后，经过短期的数量增加，在 90 年代以后基本保持了一个较为稳定的数量规模；而小城镇的人口规模在这一时期的增长速度则成直线上升趋势，1992 年以后，小城镇人口数量的增幅与小城镇数量规模的增长速度不再同步前进。一方面，这充分表明我国城镇化发展逐步进入一个快速时期，小城镇发展结束了以总体数量扩张为特征的发展方式，转向以规模和效益为特征的发展；另一方面，人口规模的增幅速度远远大于城镇总体数量的增长，使得个体小城镇规模在迅速扩大的过程中具有不稳定性的演进特征。短时期内建制镇人口的激增与国家城镇化发展的战略支持密不可分。从其显性特征来看，政策的支持促进了人口和城镇用地规模的扩大，在保持一定服务距离的情况下，小城镇规模的扩大使农民的生产和生活朝向有利方向发展；从隐性特征来看，国家整体战略的发展强调“量”的飞跃，缺少“质”的控制。

**表 2-1　中国建制镇发展状况分析**

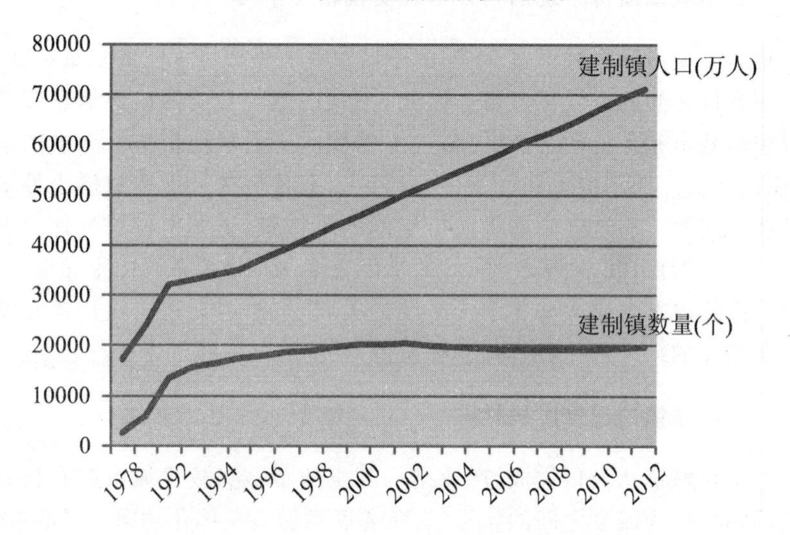


如表 2-2 所示，1996—2012 年间，全国乡镇卫生院的数量与乡镇就医人数成反比发展，随着 2006 年以来新型城镇化的纵深推进，小城镇的就医人数呈井喷式增长，而与之对应的是乡镇卫生院的数量却逐年呈现下降趋势。不仅在数量上，医疗设施的质量和管理也无法满足迅速增加和富裕起来的居民要求，这就迫使本应在乡镇卫生院完成的公共服务设施功能转移至临近大中城市；小城镇自身的功能发展呈现畸形，既无法满足就地城镇化的目标，又集中了大量的人口、产业和不断扩大的建设用地，使得功能相对单一的小城镇遗传系统异常脆弱。

## 四、小城镇形态基因控制的目标、原则

### (一)形态基因控制的目标

1. 控制小城镇形态的性状稳定性

生物体的性状表现为遗传性状和非遗传性状两种类别，其中，传给子

代的遗传物质中发挥根本作用的就是基因。某一生物体区别于其他生物体的典型特征能够在自然界的长期进化过程中得以传承和保留，就是依靠这种遗传基因的作用。比如，黑人与黑人婚配后生下的依然是黑色人种的婴儿，而人类整容后的美丽性状则不可能通过遗传的方式传递给自己的子代。因此，在生物体基本性状的进化过程中，遗传基因是决定该生物体的基本性状能否长期稳定的传承或进化下去的决定要素。这种基因要素只有在保持性状稳定的情况下，它所决定的生物体的典型性状特征才能够成为其区别于其他生物体的可识别特征，一旦这种决定要素发生了质的改变，那该生物体区别于其他生物体的可识别特征也就消失了。在对小城镇空间形态的研究中，我们发现，这种稳定的性状表现现象也是普遍存在的，主要表现为小城镇遗传系统中的“再生遗传”和“原型遗传”现象。

**表 2-2　乡镇医院发展概况**

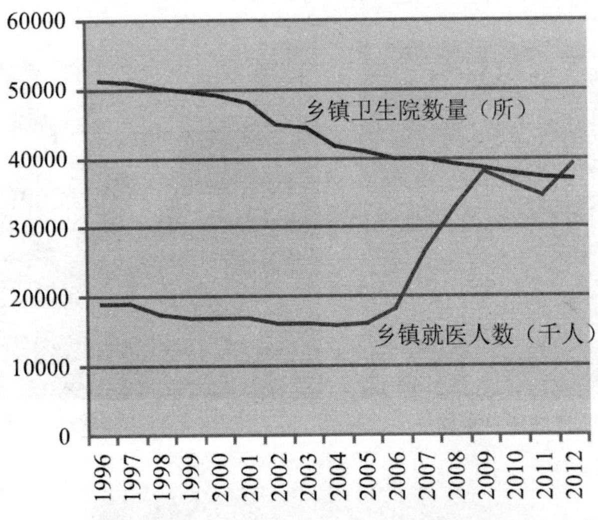


如前文所述，“再生遗传”和“原型遗传”是保持小城镇遗传系统中性状稳定性的重要遗传现象。只有有效的控制小城镇在进化过程中保持稳定的性状遗传，“再生遗传”和“原型遗传”才能在小城镇的发展历程中成为主导，小城镇的基本风貌才能得以实现，我们才能够识别其作为小城镇的共性特征，才能区别对待村落—乡镇—城市的层级差别，才能在城镇化的背景下避免“千城一面”的机械复制在小城镇的建设中重蹈覆辙。因此，控制性状稳定性是小城镇形态基因控制目标的基本要求。

需要注意的是控制小城镇形态的性状稳定性，并不仅仅是控制小城镇物质空间形态的性状稳定性，它包含了以下三个方面的内容：首先，能够完整地保持小城镇物质空间的形态，体现原有城镇的规模尺度和发展特征。其次，能够完整保留城镇的建筑风格和品质，可以透过建筑的形式关联城镇的历史。最后，不为外力所动的城镇生活，既能够与城镇物质空间相匹配而又不失时代气息的居民生活。以德国中世界小镇罗腾堡（Rothenburg ob der Tauber）为例，它被称为德国最美童话小镇，这座仅有万人的德国小镇完整地保留了中古世纪的城镇风貌，小城镇形态格局原真性地保留了中世纪迷宫式街道格局（见图 2-1），弯曲的街道排除了狭长的街景，城镇的小尺度和街道界面的连续性不会使人感到乏味和单调，建筑与左邻右舍都有呼应关系，不存在孤立的一面（见图 2-2）。同时，这个以旅游业为主要产业的小镇居民，并没有因为旅游者的到来而变得"产业化"，居民生活的宁静、平和与友善和罗腾堡本身的特有的中古气质融为一体，从城镇形态到建筑个体，每一个要素都成为罗腾堡值得体验和欣赏的独特资源，仿佛让人又回到漫长的中世纪，只有生活中可以轻易见到的现代城市生活方式在随时提醒人们回到当下的现实世界（见图 2-3）。

**图 2-1　罗腾堡卫星图**

**图 2-2　罗腾堡传统街巷**

**图 2-3　罗腾堡现代商业**

2. 控制小城镇形态的基因突变

生物体的进化离不开基因突变，这与生物体与环境的相互作用有着密切的关联。长久以往维持性状稳定性的生物体往往因不能适应外部环境的变化而遭到自然界的淘汰，因此，基因突变在生物体适应外部环境的演变中具有重要意义。同样，小城镇遗传系统中也存在基因突变现象，这对于提高小城镇的外部适应性具有积极的意义和作用。但是，在小城镇发展的实践中，我们不难发现，由内部自我基因突变而引起的小城镇基因遗传性状的改变，通常形成“积极遗传”效应，可以有效地促进小城镇的进化与发展，而由外部人为干预而形成的遗传基因性状改变，则容易形成“缺陷性遗传”和“消极遗传”效应。

究其原因，相比较大中城市的发展历程，小城镇的发展体现了一种自然进化的过程：城镇功能结构相对单一，邻里关系相对密切，不能承受过多的人为外力干扰。因此，由内部自发产生的基因性状改变是小城镇遗传系统对外部环境适应性的本能反应，遗传系统本身可以有效地调节内部各个子系统的相互关系和位置排列。也就是说，能够自我调控自然环境、人文环境和社会发展与经济发展的协调，进而繁荣城镇的经济并提高居民生活的质量，达到良性发展和进化的目的。而外部人为干预的基因突变如同为人做手术一般，只能把主要精力投放到某一基因片段上，比如新城区的建设，或者城镇景观的美化。而这些片段要想成为城镇遗传系统中的可遗传基因，需要经过一个长期转录和融合的过程。短时期内改造基因片段而形成的小城镇风貌只能成为某一特定时段内的现象出现，而不能作为遗传子代的有效遗传基因。这也是我国小城镇建设发展中遇到的最突出问题。

因此，控制小城镇形态的基因突变，通过外力引导的方式使其由内而外产生适应外部环境的基因突变，并将突变基因作为可遗传性状长期保存下来，这是小城镇形态基因控制目标的关键所在。

**（二）小城镇形态基因控制的原则**

1. 人本性原则

小城镇发展的核心动力是“人”，人的社会活动往往是保障小城镇形态基因稳定性性状的决定性因素，同时也是诱发小城镇遗传基因突变的主要因素，小城镇遗传系统的核心内容只能围绕“人的活动”而展开。传统的以研究城镇形体环境为主要内容的城镇发展理论只能为小城镇的进化提供“形”的发展，而不能提供“神”的进化。因此，人本性原则是小城镇形态基因控制原则的最基本要求。它强调了在人性化视角下的基因控制原则，包括以下内容：创造正义空间，保障公众利益，塑造活力空间，加强人际交往，维护具有文脉特色和归属感的城镇风貌和空间形态，保持人性化的城镇规模尺度，提供舒适的城镇环境。

2. 系统性原则

小城镇遗传系统的复杂性尽管不能与城市相比，但作为独立的有机个体，其遗传系统也具有巨系统的复杂性和多样性特征，因此必须进行系统化组织，才能合理地完成小城镇这个巨系统的控制。系统性原则要求形态基因控制从三个层面进行研究。首先，宏观层面，控制小城镇形态格局的总体演进方向。其次，中观层面，控制小城镇形态肌理、公共空间布局，把握城镇居民的整体诉求。最后，微观层面，控制小城镇空间尺度及街道界面等的具体形态构成要素，塑造富有活力的城镇空间和生活。形态基因控制内容只有在三个层面上都得到充分落实，才能取得完整意义上的“控制”，使小城镇的发展得以系统地在物质化的城市形态中呈现。

3. 应变性原则

小城镇遗传系统的脆弱性，以及快速城市化进程、市场经济条件的时代背景，决定了小城镇形态控制方法必须具有强大的应变能力。首先，拥有不同自然地貌特点的小城镇应该选择不同的基因突变部位作为适应外部环境的突破点。尊重自然环境、尊重历史文化、尊重城镇原有的特性，抓住城镇形态的自然要素特点和人文历史文脉特征，对不同的关键遗传基因要素进行进化和突破，将其深入发展。同时，避免由于机械化的发展控制导致城镇面貌千篇一律、丧失特色。

其次，由于新型城镇化的不断推进，绝大部分的小城镇都承担了农民就地城镇化的职责和任务，这就使得相当一部分的小城镇建设规模和范围不断扩大，原有的遗传系统体系要充分考虑到这种迅速扩大的规模带来的负面效应，有针对性地调整发展原则和方法，避免终极目标式的控制策略，而将城镇发展视为一个动态过程，最大限度的发挥控制策略的时效作用和长效机制。

# 第三章 小城镇空间形态的基因控制策略

## 一、建立整合机制的控制策略

建国之后的小城镇发展经历了四个阶段:战争中的复苏阶段,文革前后的停滞和急速衰退阶段,改革开放之后再次复苏的阶段,新型城镇化背景下的快速飞跃阶段。从这四个时期的社会发展背景来看,中国的小城镇发展过程是断代式的发展,大部分小城镇在历史原因的背景下,自身的遗传基因系统产生了许多基因碎片。比如,大量短期的行政行为造成了小城镇原有自然环境基因的破坏,这种破坏在很多地方是不可逆的,原有的自然环境遗传基因突变为遭受人工干预的"致病"基因,形成小城镇"病态"生存环境。这些不同时期、不同环境下产生的基因碎片使得小城镇原有遗传系统不能依靠自身内在机制的动力与城市和乡村进行协调发展,导致了绝大部分小城镇发展的混乱和滞后。因此,有必要采取积极有效的整合策略,将这些基因碎片重构和定位,重塑具有活力和内在动力机制的小城镇遗传系统。

### (一)强调"核心遗传"要素的地域性特征

小城镇遗传系统的核心要素是地域性特征,这是小城镇之所以被称为小城镇的本质体现。地域性特征包括了"原型遗传"和"再生遗传"两种类别。"原型遗传"具有典型性,存在于保存较为完整的小城镇遗传体系中,具有典型传统风貌。"再生遗传"具有普适性,是绝大多数小城镇进行子代遗传过程中的基本性状单元。因此,小城镇空间形态控制策略首先必须强调"原型遗传"和"再生遗传"特征,以保留其典型遗传性状和普适性遗传性状。

强调小城镇地域性特征首先强调其空间尺度特色,使其成为具有可识别性的地域要素。气候条件不同形成的城镇空间尺度具有不同的地域特色,北方传统四合院和江南民居是中国传统民居形式的典型代表,它们的街区形式、密度、高度等塑造的空间尺度在一定程度上具有各自的尺度特点。地形条件不同则造成城市整体空间尺度上具有较大的差异,如山地城市和平地城市。因地形条件限制，平地城市用地较充裕而山地城市用地较匮乏，在这种情况下，平地城市空间布局较规整；山地城市顺应地形地势，则比城市空间布局自由灵活。除地形和气候条件外，地域性的生活模式将更进一步影响空间尺度的形成，如广州地区居住生活结合小商业模式、江浙一带形成的家庭手工作坊，从而形成了具有一定地域特色的城镇空间尺度。空间尺度模式和地域生活模式共同构成“原型遗传”的地域性特征，二者缺一不可。

小城镇在发展过程中不可避免地出现许多基因碎片，重塑具有内在动力机制的小城镇遗传系统，就必须重构基因碎片与“原型遗传”和“再生遗传”要素的关系。整合和重构这些基因碎片，缓解并消除其与“原型遗传”、“再生遗传”要素的对立关系，对于小城镇未来的演进和发展具有重要意义。整合和重构这些基因碎片必须是以地域空间特征延续为前提，即尊重适宜空间尺度下的城镇地域性空间特色的更新和新建活动。主要体现在两个方面：一是地域文脉的保护与延续，重构文化网络空间，如历史街区与现代街区空间尺度相契合；二是重视地域生活模式和现代生活方式的引导，如传统的“前街后坊”转化为现代居住生活结合小商业模式。这种整合和重构作用可以反映在城镇空间结构、功能构成、街区形态及界面、交通空间等诸多方面，整合策略的目的是强化基因系统中各个子系统之间的互动关系，弱化基因碎片对遗传系统演进的负面效应。

### （二）注重“渗透遗传”的关联性

小城镇的遗传系统进化过程是一个动态过程，在核心遗传要素不变的情况下，其他的遗传要素都会在特定的空间和时间下发生转换和互动。这种相互影响、转化和吸收的遗传现象，可以发生在小城镇空间形态的各个层级，我们称之为渗透遗传。每一个小城镇建设形态都会出现“渗透遗传”，主要表现为“再生遗传”和“变异遗传”的相互渗透。关注“渗透遗传”科学、合理的关联性，有助于控制和引导“变异遗传”对遗传系统的良性促进，以及“再生遗传”的稳定性和可靠性。

“渗透遗传”的关联性主要表现在土地要素与人口要素、经济要素的关联，经济要素与交往/空间要素的关联，以及经济要素与社会政治要素的关联。

#### 1. 土地要素与人口、经济要素的关联

一定范围内的土地承载量是有限的，因此，小城镇的规模不能无限制地扩大。

古希腊的城邦制设计理念能较好地体现小城镇发展的科学观念：城市的面积大小是有限的，在视觉上是可以理解的，在政治上是可以控制的。因此，当经济要素受环境或内在机制影响迅速膨胀，成为主导遗传系统的决定力量时，土地和人口要素往往就成为制约经济发展的绊脚石。城市当中的做法是不断地扩大土地规模、人口规模，进而促进城市经济的发展。从长期实践来看，这种方式引发了一系列的城市问题。而在小城镇中，如果不能以控制土地使用规模的方式对人口和经济进行引导和控制，小城镇的人文优势和环境优势将不复存在，核心遗传要素将遭到破坏。

2. 经济要素与交往/空间要素的关联

小城镇的交往与空间的互动体现了城镇"慢生活"的特征。与城市快速紧张的生活节奏不同，小城镇的生活能够提供现代科技的生活品质，同时，能够提供更多的城镇空间满足人们交往的需求。经济的发展和生活水平的提高不能剥夺小城镇原有空间尺度下创造的邻里交往空间。因此，经济要素与交往/空间要素的关联寻求的是一种将现代化技术与传统生活方式结合的途径，使人们可以享受现代科技带来的服务。同时，将更加规律、健康的慢生活节奏带给城镇居民，也为城市居民和城镇居民之间的良性流动创造条件和环境。

3. 经济要素与社会政治要素的关联

新型城镇化的逐步推进使得小城镇的空间形态受经济要素和社会政治要素的影响逐渐加大。一方面，社会政治主导下的时代背景给小城镇经济的跨越式发展提供了前提条件和政策支持；另一方面，绝大多数小城镇的经济要素尚未达到实现跨越式发展的实力和水平。这就使得小城镇的经济发展处于反复"折腾"的过程：短时快速发展——出现问题——取消——改变策略——短时快速发展——再次出现问题……这种周而复始的短平快的经济发展和社会政治的关联方式对于小城镇的遗传基因系统的危害是非常大的，几乎通过行政和经济手段把"原型"城镇（更多的是乡村）的可遗传性状破坏殆尽，取而代之的是似是而非的"亦城亦乡"的非遗传性状和大量的基因碎片充斥在小城镇的结构形态体系中。

因此，同自然界的生物进化过程需要相当长的一段时间才能产生物种的变化一样，小城镇的遗传系统的进化也需要一个时间过程和空间场所的适应过程。因此，经济要素与社会政治要素的关联性必须建立在长效机制上，任何短期的形象工程、政绩工程都会成为破坏遗传系统的"元凶"。小城镇建设发展过程中，经济的数字计算可以通过政策法令的调控迅速增加，但是,居民的认可度和地域文化的积累和沉淀则是在短时期内无法完成的。缺少居民认可度和地域文化积累的经济数字和政策调控如无基之楼、水中之花,最终只能随着社会大环境的改变而退出历史舞台。最终受到巨大负面影响的还是小城镇自身的遗传系统。

### (三)调控"基因重构"的匀质性原则

匀质性指城市地域在职能分化中表现出的一种保持等质、排斥异质的特性,这种匀质特征是动态相对的,非地域本身所固有。从本质上讲,匀质过程是描述城市空间对象趋向同一的过程,是事物构成的各个组成部分在相互运动中表现出的一种基本特征,匀质性的衡量过程是动态的和相对的。调控"基因重构"的匀质性原则强调了在整合基因碎片,重塑遭受破坏的基因系统过程中,强调等质发展的空间状态。它包含两个方面:空间尺度的匀质和空间正义的匀质。

空间尺度匀质主要体现在两个方面:一是城市空间形态肌理,在城市二维平面形态下,整体城市形态肌理表现出的尺度相似程度;二是城市三维立体空间,街区空间的密度、高度、布局等表现出的尺度相似程度。另外,在几何意义上,空间尺度匀质并不是在数理上完全达到"1",也就是说,空间尺度匀质意在指尺度相似,而非尺度完全一致。柯布西耶的"明日之城"空间尺度表达了工业革命时期生产规模化、标准化时代的城市空间格局。城市空间尺度呈现出一种标准化的匀质状态,城市用地由道路划分成街区大小一致的网格状城市,整体空间尺度一致性较强;威尼斯小城的空间尺度匀质显示了中世纪城市空间特征,整体空间尺度相似程度高;中国古代传统城市采取"街坊"制,整体城市空间被划分为若干个形制相似的单元,形成了相似性较强、匀质的城市空间尺度。后两种城市具有较强的地域性空间特征,且空间尺度都是匀质的。

空间正义是在城乡区域发展中,追求资源分配效率之上要照顾不同的群体的利益,尊重区域内每一位居民的基本权利,创造人人可享的基本保障和公共服务,提供均等自由的发展机会。其核心是兼顾效率与公平,政府与市场,实现整体利益与长远利益的最大化。如前文所述,中国小城镇在经历四个时期的发展历程之后,一个突出的问题就是在城乡二元结构中处于资源分配中的劣势。尽管时代背景给予了小城镇策略支持和一定的经济保障,但是,长期遗留下来的资源分配不公正的"顽疾"制约了小城镇在人口吸引和自主发展层面的动力。因此,"基因重构"过程必须从宏观到微观层面坚持空间正义匀质性原则,保障小城镇空间形态的空间正义,逐渐完善小城镇自身的资源优势。具体包括以下几个方面。

1. 经济发展:机会均等前提下的高效率

通过公平合理的分配土地开发权,建立引导要素集聚的机制,落实在空间上即"土地开发权人人平等享有"。然而,在现实情况下,土地开发并不是均等的,例如基本农田保护区、生态安全屏障、地质灾害区等地区不能用于开发建设,各地的资源丰度、地理区位及社会历史条件等因素不同也决定了只有部分土地适合开发,所以应当利用集聚规模效益,提高资源利用效率,使得城镇区域内整体经济效益最大。"在社会经济不平等的情况下,应当让权利机会均等基础上对每一个人开放,并且尽可能地有利于从中得益最少的人"则体现在对"土地开发权"的赎买上,即当某一土地的开发权的收益受到限制不能实现时候,应给予补偿或者转移给其他土地,最终通过公共服务设施均等化来实现。

2. 社会发展:城乡基本公共服务均等化

延伸公共服务设施网络,推进基本公共服务均等化,包括"住房、教育、医疗、公共安全"等方面,缩短城乡距离。具体表现在推进城乡公共教育均等化,建立覆盖城乡的医疗卫生服务体系,强化城乡公共安全服务。

3. 环境发展:以生活质量为依托的均好性

小城镇经济的进一步繁荣,会带来更多人口的集聚,宜居水平将成为小城镇竞争力的重要判断标准。而环境价值的提升,会吸引更多人口,特别是高技能人才的集聚为小城镇发展提供智力支持。具体表现在以人为本,构建区域优质生活圈,串联多样化的地域特色景观,实现城乡区域环境的均好性。

4. 体制创新:协商形成的公共利益最大化

为有效实现公共物品的供给,有力解决区域公共问题,需要形成良好的区域治理模式。以新区域主义的观点,"区域治理应该是通过建立整合的政府或专门的机构,运用和动员社会及非政府组织的力量,在充分尊重并鼓励公众参与下,进行的一种解决区域宏观和微观问题的政治过程"。同样,小城镇的管理体制创新应借鉴公共利益最大化原则,突破原有管理机制,通过市场竞争调控资源,将居民利益与市场竞争和政府管理相挂钩,真正将城镇居民的利益最大化。

## 二、作为催化机制的控制策略

传统的城镇形态是长期缓慢发展演变的结果，城镇形态协调清晰，建筑单体和谐、清楚地界定室外空间，每栋建筑和外部空间场所都在连续性的时空转换中发挥着重要的作用。规模小、自下而上发展的小城镇系统完全有能力消化和解决发展过程中产生的问题。但小城镇工业化开始后，尤其是在新型城镇化向纵深推进后，小城镇用地迅速膨胀，城镇的功能布局、交通、设施、污染等矛盾日益突出，跨越式发展的复杂程度和激烈程度超出了小城镇遗传系统自身解决这些问题的承受能力，城镇形态开始畸形发展；同时，缺少经验和成熟指导策略的城镇设计和策略管理也无法在短期内为这些困扰和迷惑带来有效的解决方案。通常的结果是城镇设计的终极产品往往呈现出固有的城市发展形态，而小城镇自身要素的特点又无法随着时间的推移跟上各种预先设定的调控因素的变化，造成了土地、产业、环境等方面诸多矛盾和冲突的集中爆发。因此，为小城镇的发展设定一套程序而不是设定一个结果，是在长时间范围内实现持续控制的方法。

城市催化理论是一种关于城镇发展过程控制的有效方法。催化理论的提出者奥托认为：城市功能之间可以相互激发，实际上，某种因素的加入可以激发产生连续反应的驱动力，成为城市结构中的兴奋点，这些因素对于城市的多种功能可以起到联动效应，带动城市整体空间系统的功能整合。将这一观点引申到目前快速城镇化背景下的小城镇建设与发展是十分有必要的。

不可否认，新型城镇化的过程中为小城镇带来一系列的“催化剂”要素，这些要素无一不在刺激着小城镇的发展速度。从宏观层面到微观层面，这些要素出现的初衷都是希望加速小城镇自身的系统能够快速赶上城镇化的步伐，完善城乡结构体系，促进城乡一体化建设。但需要注意的是，我们在这一催化过程中的控制背离了催化理论的基础。催化理论的核心内容是通过“催化剂”加速催化反应的速度，但是，“催化剂”本身并不参与到化学反应的最终产物中去，只是改变这个反应的速度。目前小城镇建设中出现的一系列问题归根到底在于我们没有分清楚我们的城镇设计和管理策略中哪些是作为“催化”成分存在的要素，哪些是作为刺激“基因变异”遗传的要素。所以，才会造成了小城镇遗传系统在快速演进过程中出现了各种信息、要素、子系统的混乱、错位现象。

因此，小城镇形态遗传基因控制策略的一个重要内容就是作为催化机制的控制，这一过程的核心是明确区分作为催化剂的调控手段和作为刺激基因变异的遗传要素。作为催化剂的调控手段只发生在某一时间段内的小城镇发展过程中，调节城镇进化的反应速度（可以加快或者减慢），反应过程结束，催化剂效应不得遗留在结果之中；作为刺激基因变异的遗传要素则应全程参与进化过程，成为小城镇遗传系统一定时期内进化的结果。

催化机制调控策略的目标在于通过一定的催化效应，激发城镇活力，对内部及周边地区的城市功能和空间形态产生联动效应。催化机制调控策略的有效手段包括两个方面：宏观政策调控手段，主要是通过管理机制的调控，制定科学合理的发展程序（注意，这里不能理解为调控为某一具体的结果）；微观调控手段，可以理解为公共空间或场所的活力重塑——通过赋予不同的功能或使用意义（提高活动、事件密度），丰富其中的公共活动形式和活动频率，提高空间使用率，对周边区域形成一定的吸引力和辐射力（活动的引导和示范作用），产生联动效应；或者可以理解为某种实体或项目，犹如化学反应中的催化剂的作用，利用开发过程中激起项目与其所处的地区环境，以及与后续的建设项目的某种良性的、可持续的关系，产生"催化"的链式反应，从而推动周边区域的协同发展。

## 三、小城镇适宜空间尺度的建构策略

### （一）时间维度下适宜空间尺度的建构策略：尺度融合

时间维度的共时性角度下，城镇空间尺度融合涉及城镇再开发与新开发两种模式。其中，城市再开发是结合原有的城市结构，对城市进行重新利用以满足现代城市发展要求，包括土地再利用、场所质量提升、基础设施建设等方面；城市新开发是指在城市建成区外围，旧有城市格局之外，重新开辟新土地，建设新城。

再开发是对原有的城市空间承载力（土地、人口、资源、历史环境等）进行综合评估，在此基础上进行的适度开发。原有的城市空间结构、布局模式、空间格局是城市历经长期演变留存下来的，再开发应该保留与优化原有的物质空间要素，主要涉及三个方面：一是保护历史街区或历史建筑；二是再开发的街区尺度与原有的街区尺度相适应；三是城市发展壮大的同时传承原有的城市空间格局。通过这三个方面的空间尺度融合，再开发能够强化城市空间地域性特征，并提升原有城市空间品质。

新开发是针对原有的城市空间不能有效承载现代城市发展新需求，需在新拓土地上进行的初次开发。新开发区域与主城存在空间隔断，但是城市功能是关联的，新开发区域需要利用主城的多元资源有机生长。由此，在新城开发时，应对主城区空间框架进行梳理，整合城市整体基本框架，新开发区域空间结构结合主城区空间发展脉络，使二者融合发展。同时，新开发街区尺度与老城街区尺度保持一致，形成一体化的城市形态肌理，体现尺度融合下的空间地域性特征。

**（二）空间维度下适宜空间尺度的建构策略：小尺度**

现代城市空间尺度逐渐被放大而单一地满足了集聚功能，但古老的亲和性功能相应丧失，相对小尺度的空间则便于拉近人与人的距离，促进人际的交流，弥补了相对空旷的大尺度空间所不能拥有的安全感、亲和力。在城市当中利用小尺度创造适宜的城市空间往往受到较大的限制，控制过程相对复杂，而在小城镇的开发建设中，由于小城镇自身的规模最接近传统的具有亲和功能的小尺度空间，因此在满足一定规模人流集聚需求的同时，应重视保持传统的小尺度空间。在新型城镇化的快速进程中，小尺度空间的保持应作为小城镇区别于城市的明确的可识别特征而被予以法定地位的保留。可以从两个方面进行考虑：首先，老城区建城历史久远而往往因当时的技术条件和经济发展水平，土地开发强度小且整体高度平缓，存在大量传统小尺度街区空间，在老城区二次开发过程中应适当保留这些传统的小尺度空间。其次，在新建活动中，城市土地开发强度远远大于老城区，新开发城区应延续原有的城市空间格局，同时，利用城市道路划分小尺度街区，这样既可以使新城区与老城区空间尺度融合，又可以最大限度地增加街区临街面。因此，城市土地开发过程中，不论是老城更新或新城建设，小尺度开发模式可以使城市土地集约利用，也有利于城市空间整体性、连贯性的建立。而针对这一过程，传统的城镇规划方法不能在实际操作过程中予以必要的空间控制，应逐步将城市设计导则的控制方法引入并实施。

# 第四章　小城镇空间形态“遗传基因”系统的实证分析

## ——以河南省虞城县为例

## 一、虞城县小城镇形态基因有机构成要素

### (一)核心要素

#### 1. 黄泛平原的水域古城

虞城历史悠久,上古为古虞国地。公元前 21 世纪,夏禹封虞舜之子商均于此地。秦代置虞县,其后几度废除,隋开皇十六年(596)复置虞城县,虞城之名自此始,后沿用至今。虞城县在历史上与地方水系关联密切,受自然水系的影响发生了多次县址的变化。早期虞城县址为上古古虞国都城、夏代商均封国城、秦虞县城虞、隋虞城县城,这一故址即为李庄旧城故址,在今县城北 11 公里处,遗址在今单亳公路和济民沟交叉点西北侧。当时古汴水绕于北,小股河流于南,东临空桐,西望孟诸,有水乡泽国之称,是城市兴起和发展的重要地理基础。曾经在北宋前虞城县一度为游览胜地,汉杨雄、司马相如、枚乘,唐高适、李白,宋苏轼、欧阳修等历史名人都曾游历于此,并留下诗文。

黄河南泛之后,虞城县受淮河水系的控制逐渐转变为受黄河水系控制,虞城县城镇形态受黄河改道和决口的影响较大,这一时期黄河在虞城县境内决口达 15 次之多。明嘉靖九年(1530)的黄河决口是最严重的一次,这一次的水患直接造成了虞城县址的搬迁,转移至虞城县新城,今利民故址。据光绪《虞城县志》卷一《城池》记载,当时新城的城池规模约为 2 平方公里,初筑土城,城高 5 米,设四门,东曰“宾阳”,南曰“薰风”,西曰“望汴”,北曰“拱辰”,俱高建城楼。与黄泛区城镇“则高而据”不同的是,虞城县新城(利民故

址)是通过在城外取土,填垫城内地坪来抬高地势,属于典型的垫城,是人为改造的产物。利民旧址的城镇形态特点是环城湖型,由护城河发展而来,水面宽广,绕城墙四周。县址规模不大,结构形式是典型的方形平面,体现了"礼治"思想,城市主要道路体系呈现"十"字型(见图 4-1),与唐朝时期典型的里坊制度不同的是,这一时期的街巷内部道路已经逐渐演进为长街短巷的 T 字型交叉道路体系,更加适合于商业和手工业的发展。

建国后,虞城城址进行了第二次变迁,1954 年搬迁至原马牧集。马牧集原为梁孝王牧马场。民国 5 年(1916)陇海铁路在此设站后,客商云集,逐渐繁荣。建国后,考虑到原有县址(利民故址)水面过大,城市建设用地缺乏,虞城县需依托铁路干线谋求发展,因此,在 1954 年与谷熟县合并成为虞城县,当时最主要的两条主要道路即为人民路和胜利路,市区向火车站方向扩展。虞城县址第二次的变迁受经济因素和新的交通方式的直接影响较大。

除了县城与黄泛平原水系有密切关联之外,县域内分布的 1438.8 平方公里水域也对辖区范围内的乡镇及村庄形态的发展有着重要作用。著名的黄河故道生态区位于田庙乡大崔庄、刘杨庄一带,主要包括石庄水库和黄河滩的百果园。石庄水库建于 1958 年,蓄水面积 18.8 平方公里,蓄水量 3500 立方米。库区内水清澈见底,鱼跃鸭逐,水鸟翻飞,渔帆点点,呈现出一派特有的故道美景。水岸南岸黄河滩上遍植果树,有桃、杏、李子、樱桃、柿子等,成方连片,面积达数千亩,置身其中,如入仙境。而黄河故堤西起贾寨镇刘场,东至张集镇的小乔集。修建于明万历年间,至今已有 400 多年的历史。春天桃花杏花飘香,夏季桃红杏黄,硕果累累,形成了一道亮丽的风景线,游客在这里既可以领略到大自然的美景,又可以学到许多的历史知识。

从虞城县的历史变迁可以清楚的看到自然、经济、科技发展的不同影响。自然水系的影响在城镇形态的演变中起到的是潜移默化、互为一体的融合演进方式。自然要素既成为城镇形态演进的推动力量和主要因素,又在城镇形态的演化过程中融入成为其结果的形态表达。这一过程是缓慢而长期的,体现了传统礼治与人治的结合。进入现代后的城镇形态发展较大地受到经济和科学技术变革带来的影响,体现了规划手段和行政手段的整齐划一,与之相比,受人口规模和土地限制而保留下来的古城、生态区则更加具有典型地域特征属性。

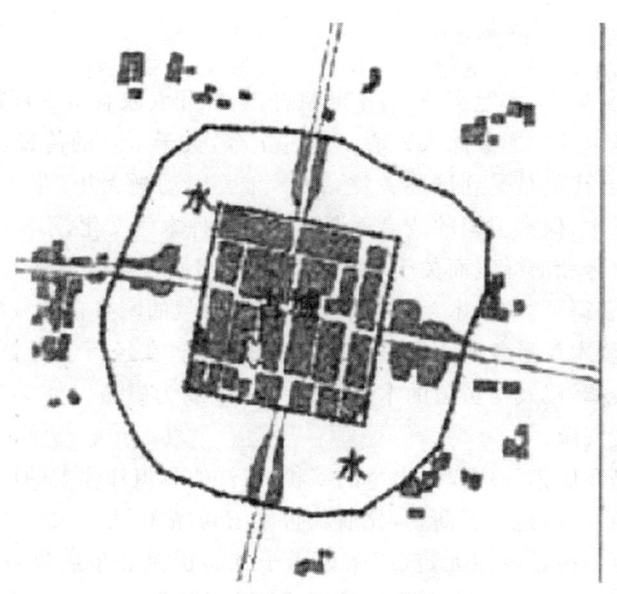


图 4-1 利民镇老城平面图

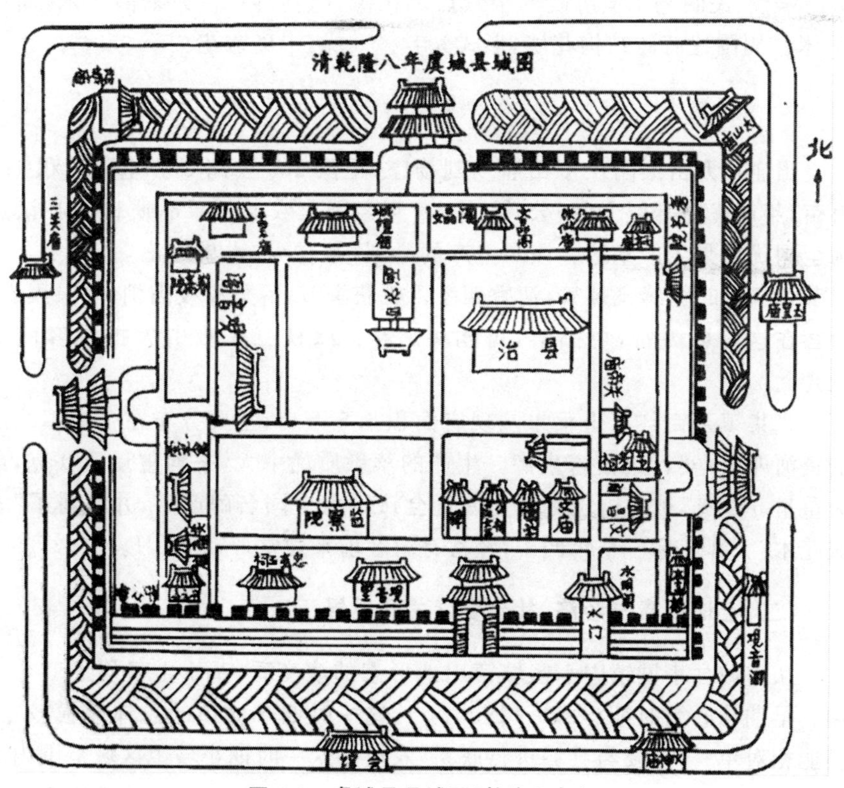


图 4-2 虞城县县城图(乾隆八年)

2. 木兰之乡,伊尹归所

"唧唧复唧唧,木兰当户织,不闻机杼声,惟闻女叹息",一首《木兰辞》令巾帼英雄花木兰的形象深入人心。从古至今,关于木兰的传说、轶事、词曲数不胜数,当代更是受到国际关注,1998 年美国动画大片《花木兰》风靡世界。木兰从军,保家卫国的故事逐渐演变为一种木兰文化,不断的被一代又一代的人诠释和演绎。而关于花木兰家乡的归属在学术界曾有争议,2007 年,虞城县获得了"中国木兰之乡"的称号,花木兰的家乡在虞城县营郭镇周庄村。至此,木兰形象成为虞城文化符号的基础,在经历了历史的沉淀、当代的再次唤醒,以及与黄陂的木兰故里之争中成为虞城对外文化形象不可多得的人文资源。

伊尹是我国第一位奴隶出身的宰相,烹饪的鼻祖和伟大的药剂学家,他助成汤灭掉夏桀,建立了商朝,先后辅佐了五位帝王,是历史上闻名的忠君爱民的贤臣。他百岁而死,沃丁帝以天子礼将伊尹葬于店集乡魏堌堆村。伊尹墓园规划面积 99 亩,分为伊尹祠、伊尹墓园、花戏楼、伊尹博物馆、烹饪医药学校、民间艺术演练院 6 个景点。在伊尹墓园内,伊尹墓高 3 米,周长 46 米。周围建有砖结构花墙,形式为 8 楞 8 垛,中砌雕花。

3. 梨果飘香

田庙乡万亩梨园位于田庙乡刘杨庄,距豫 203 公路 3 公里。面积 1.2 万亩,年产优质酥梨 8000 公斤。1998 年经国家农业部果品质检中心认定为全国优质梨生产基地。该园生产的酥梨,被誉为"水果之王"。每年开花时节,梨花如雪,蜂飞蝶舞,清香四溢。收获季节,酥梨满枝满梢,硕果累累,游客在这里可观赏,可品尝,可购买。春、夏、秋三季吸引大批游客前来观光。

张集镇万亩红富士苹果园现有面积 4.5 万亩,主要分布在张集镇北部的黄河滩上,实行无公害生产。生产的苹果质优个大,平均重量 280 克,最大重量 560 克,被中国国际农业博览会认定为全国名牌产品,并注册了"虞城花木兰"牌商标。一年四季,经常有游客前来观赏,考察学习。

**(二)土地要素与经济、社会要素关联发展**

从虞城县小城镇中心区城镇用地形态的演变看,基本上经历了三个时期。早期核心筒时期(1979—1990 年),这一时期小城镇的总体规模较小,功能相对单一,主要与县城进行联系,农业是这一时期小城镇区域范围内的主导产业。小城镇的公共服务功能主要为辖区内提供必要的行政管理和农业生产服务，因此，小城镇用地形态呈现以公共服务功能为中心、居住功能环绕布局的模式，周边的居住功能主要与中心的公共服务功能发生联系，各种功能之间的联系比较简单，所形成的用地形态比较均衡。

进入 20 世纪 90 年代以后，小城镇进入一个相对快速发展的阶段，这一时期的小城镇的用地规模开始逐步扩大，并且开始朝着过境交通线的方向发展，工业和市场开始逐渐繁荣。这一时期的小城镇中心区的用地特点呈现相对分散局面。公共服务用地随着服务功能由单一对外逐渐转变为对内、外，进而逐步强调对外工业、市场的服务，开始由核心筒的集中方式进行分化。同时，由于这一时期工业和市场的初步发展，中心区内部边缘地区开始出现多个小而散的工业用地。城镇中心区功能形式开始多样化，用地形态由于缺少有效控制而显得零散和混乱。

最后一个时期始于 21 世纪初至今。这一时期小城镇的用地规模得到了前所未有的发展，尤其是在 2006 年以后，从土地规划的调整，到城镇体系规划和乡镇规划，城镇中心区成为新型城镇化土地集约的中坚力量。这一时期，房地产、工业、市场成为小城镇发展的主导力量，乡镇建设用地进行了大规模的合并调整，城镇中心区受城镇发展的需要，开始进行道路和城镇功能的整合和更新，而这一更新与早期和中期相比，在数量和质量上都有了显著变化。首先，城镇用地规模迅速膨胀，2006 年以后的小城镇中心区建设用地在经历了新农村建设、新型社区建设、新型城镇化的浪潮之后，土地规划和城镇体系规划都向小城镇中心区提供了更多的建设用地，但是总量相对减少，以满足未来城镇化人口集聚的功能需要。其次，城镇中心区规划框架大，公共服务用地呈多中心分布。受用地规模扩大的影响，单一中心的公共服务已经不能满足需要，随着城市化道路格局的逐渐形成，多中心的公共服务体系也在逐步完善中。第三，城镇功能逐渐丰富，城市的功能属性逐步加大在城镇中心区的影响。传统的小城镇中心区是没有绿地和广场的。这是现代中国城市受西方城市规划和建设思想影响的产物，随着城镇化的逐步推进，城镇中心区加大了对城市功能属性的趋同性。第四，工业用地摆脱了分散布局的方式，进行了集中布局，并相对远离城镇居住区。第五，原居住用地改造速度缓慢，在环境优良、交通便利地区出现大量新兴居住用地，新增加的居住用地与原有的居住、公共服务功能关系薄弱（见图 4-3）。

### （三）交往与空间要素

城镇交往与空间要素是城镇平面格局要素的直接反映。与城市社会性交往活动不同的是，城镇空间的社会性交往并不需要刻意塑造人工公共空间来塑造活动场所来吸引更多的具有社会性交往活动。在虞城县的城镇空间中,除了必要性活动以外,自发性活动和社会性活动的活跃程度在小城镇空间中发生的频率都较高。从图 4-4 至图 4-8 的虞城县小城镇中心区平面中,我们不难发现,尽管在不同的小城镇中心区,城镇的肌理形态构成都有不同的特点,但是其具有以下三种根本性的共性特征。

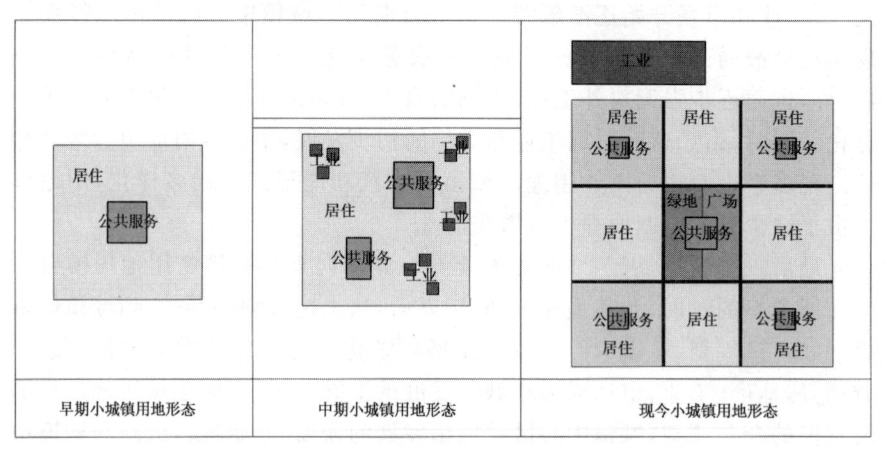


图 4-3　虞城县小城镇用地形态演进关系示意图

图 4-4　大杨集镇

图 4-5　营郭镇

图 4-6　稍岗镇

图 4-7　张集镇

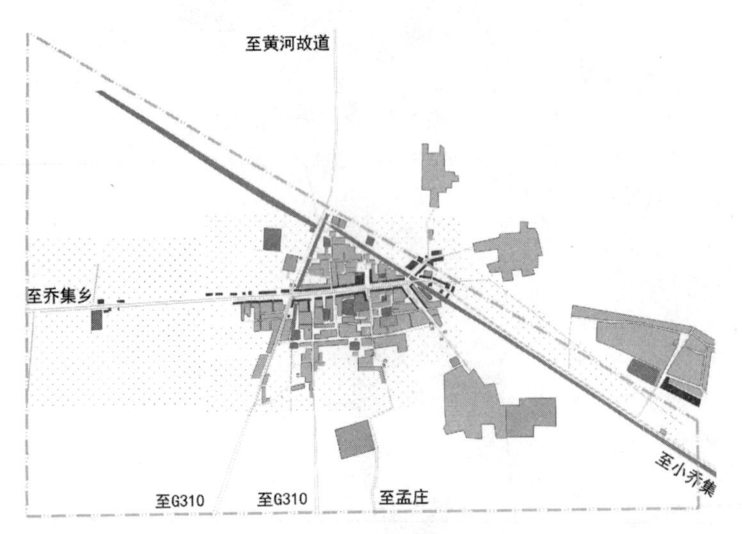


图 4-8　谷熟镇

注：图中深色部分代表公共建筑，浅灰色代表居住片区。

1. 要素性状一：平面网格的密度较大，适于步行交通

连接内外交通的主要道路是小城镇形态的主体骨架，但是，在长期形成的社会契约中的惯例和土地划分的制约形成的连片居住形态内部，形成了高密度的网格，居住形态的线性分割——道路并不规整，从一而终的笔直街巷甚少，整体街巷的尺度空间较小，短捷而方便，具有人的空间尺度，适宜步行交通为主，这些特征使得网格构成显得更加细致、多变，并且具有可渗透性。在一些看似连片的居住区内部，一些弯曲的小道却提供了通往另一个片区的可能性，增加了网格内部的渗透性。变化的街道形式排除了狭长的

街景，设计师甚至不用挖空心思地去考虑如何通过建筑立面的变化和街道家具的设置来塑造街道的连续性，因为，当你还没有感觉疲惫的时候，街道已经开始转向另一个空间。尽管很多新的规划者将这种道路格局定性为凌乱并缺少逻辑，因为缺少专业认可的几何形状。但不可忽视的一种原因是，早期的小城镇街道是不需要分类的，当城镇扩大和、交通类别增长以后，自然会依托交通需要建设通往交通干道、大型公共空间的连接性道路。而原有的这些步行街道为居民提供了社会性交往活动的积极场所。

2. 要素性状二：公共功能服务区集中，社会性活动集中

小城镇的土地要素特征决定了其公共服务功能的集中属性。我们不难发现，在不同的小城镇中心区内部，沿街商铺、公共服务都固定在一个较小的范围之内，这就使得小城镇居民之间的社会关系发生互动的频率增加，跨越居住邻里单元之间的互动社会交往关系在固定的场所之间发生的可能性逐渐增多。这种情况与欧洲依托城市广场和街道发展起来的小城镇一样，保证了公共活动场所集聚人类活动的特性，当固定在公共场所的人群处在步行状态下，只需要一小会儿，就能很快地了解这个小镇正在发生的一切。

3. 要素性状三：建筑与街道的关系密切

虞城县传统的小城镇建筑立面通常充当了街道空间和公共空间的边界，即为开放空间的墙面，是街道和城市街区这些更大系统的组成部分，而不是独立的建筑个体。这样而来的建筑成为城镇空间格局的有机组成部分，往往会把有意义的一面朝向更积极的空间，而建筑的总体风格在长期的社会约束和居民认同下形成统一的风格特征。在这一特征中，包括了建筑群体的尺度规模、水平发展和竖向发展的模式，建筑开窗和立面形式都能够在长期的演进过程中获得较大的认知度，从而形成具有典型性的遗传特征。建筑个体差别效应仅仅体现在经济和社会政治地位的层级差别，但并不破坏整体的建筑群体风格与城镇的空间格局的融合。

## 二、虞城小城镇遗传系统核心要素的改变引发遗传系统的失衡危机

### （一）土地价值的最大化促使土地要素成为小城镇遗传系统发展的核心要素

新型城镇化是当前我国城镇建设的总体发展目标和导向。小城镇的发

展也不能脱离这一总体目标的影响。因此,小城镇形态"遗传"系统的进化更新必然受到宏观调控和社会经济的外力作用,朝向"城镇化"发展。城镇化最突出的要求是人口职业的转变、产业结构的转变和土地及地域空间的变化。这就加大了小城镇进化过程中对人口数量和土地数量的巨大供给需求。新型城镇化带给虞城小城镇的巨大变革是土地城镇化,且土地城镇化速度优于人口城镇化。土地要素已经成为促进"遗传"系统内部各个层次和子系统要素进化、演进的动力因素。土地价值的提高,能够有效地带动其他各类因素的快速发展和更新。人口比例的变动和廉价土地的吸引使得土地要素取代长期形成的地域自然、文化特征,逐渐成为小城镇遗传系统的核心要素。

土地价值最大化逐渐取代小城镇遗传系统中传统的地域性核心要素,其结果就是房地产成为继农业、产业之后主导小城镇发展的决定性力量。随着大中城市房地产价格调控政策的不断加强,小城镇逐步成为房产企业和地方政府将土地价值最大化的新场所。开发商追求价值最大化的过程就是在最短的时间内以城市模式的土地开发取而代之,而这一行为的结果是持续推动小城镇房地产价格的不断上涨以及遍地开花的地产开发。

由于核心要素的本质变化,虞城县小城镇"遗传系统"的其他有机要素,比如人口、经济、交往与空间、社会政治要素都受到了巨大影响,相互之间的渗透关系呈现不稳定发展状态。尽管土地要素的价值最大化带来了人口和经济要素在一定时期内的增长效益,但究其根本是复制了城市发展模式,缺少基因系统"独一无二"的传承特征。因此,土地价值最大化成为掌控小城镇发展的决定性要素,这一根本性变化逐渐破坏了脆弱的小城镇遗传系统平衡。

### (二)核心要素的改变使得原有地域符号特征不明显

木兰传说是虞城县最典型的文化符合地域象征。木兰传说有它传播的广泛性,木兰形象又是忠孝品质的象征,利用此形象作为地方文化符号也是虞城当地的期待。为此,虞城县在多方面采取了措施。而2007年虞城被授予"中国木兰之乡"的称号后,木兰形象就与虞城县联系得更加紧密了。在虞城,几乎每个人都可以说出木兰的身世,甚至对于虞城与黄陂对木兰故里的争夺也说得头头是道。虽然虞城县致力于将木兰形象作为本地区的文化符号,从而依托木兰的商业价值,发展自己的文化产业,拉动经济,实现腾飞,但就木兰形象成为其文化符号这一点而言,还存在明显问题。

首先,地域文化符号的认知和推广流于形式。近年来,"木兰文化"是虞城的主打品牌。在虞城县以及周边市区,以木兰为名称的单位、企业很多,以木兰为品牌的产品更是不计其数。虞城县已经注册了100多个以“木兰”命名的品种和企业，如木兰纺织集团、木兰食品、木兰牌红富士、木兰花卉园等。以木兰挂名的企业数量很多，但是整体实力都不强。地方政府对木兰文化产业的发展投入，主要放在木兰祠景区修葺、木兰命名的剧院与酒店、文化广场扩建及墓园、故居、武校、公祠、茶社、碑林等景点的修建，以及木兰文化节的举办。这些举措从表面上维护了地方文化形象，并借以带动地方经济社会的发展。但是从实际效果看影响范围和作用并不大。与全国乃至全球木兰形象深入人心的现象相比，作为木兰之乡的虞城县甚至没有它的钢卷尺之乡的稍岗乡有名。与曲阜的孔庙旅游经济相比，木兰祠和木兰文化节所带来的经济效益远没有达到预期的文化产业目标。究其原因，在于木兰形象与地域特征联系不紧密。对“木兰”形象的投入和推广是为了追求木兰身上附带的经济效益，而发展木兰文化是次要的。这是一种文化快餐的制作方式，也是一种地域文化推广中的“焦虑”现象。这种快餐文化和焦虑思想在短期内或许能够带来一定的经济效益，但从长期来看，会造成文化资源的浪费、错误定位和疲软。

### （三）土地、经济要素与交往/空间要素关联的失衡危机

城镇遗传系统长期保持性状稳定性的一个典型表现就是街道和地块模式能够长期的存在。同时，地块表面的建筑形态并不因为其功能的转变而发生较大的形态变化。街道、地块、建筑三者模式长期稳定综合发展是一种可持续的发展模式。这样产生的城镇空间才能够进行可持续的设计并具有生命力和弹性，空间的开放与灵活度才可以为各种用途和事件提供足够空间并能够被进一步的细化，从而为多种类型的社会活动和使用提供可能性。

然而，受土地要素发展的影响，人口和经济要素出现了前所未有的发展态势，进而影响了城镇空间要素。最明显的变化是城镇空间功能和城镇事件功能是相互独立的，甚至是冲突的。小城镇功能使用的变化引起了对空间的新的需求，但是在解决这一需求过程中，经济要素的持续膨胀势必逐渐割裂原有城镇空间格局要素之间的关联性，使得交往活动发生质的改变。

#### 1. 危机之一：城镇空间的再生遗传性状千篇一律

再生遗传是小城镇“遗传”系统的基本遗传性状单元，它的进化演进保持了大多数小城镇内在的本源特征。再生遗传的差别性，是我们现在能够把小城镇称之为小城镇的唯一原因。虞城县紧邻商丘市，得益于商虞一体化的发展机遇，虞城县的小城镇发展在速度和数量发展上有了较大的飞跃，

尤其是商业地产的开发逐渐成为当地小城镇和县城中心区的主导产业。当商业地产开发大规模涌入的过程中,时间、空间和经济利益的三重约束使得他们更愿意选择一种“复制城市”基因的方式来进行小城镇的开发建设。因为,无论是从地方政府到开发商,还是从地方民众到设计师,在经济发展速度的推动下,在缺少有效机制的调控和引导下,都不可避免地选择“复制城市”这一捷径来进行小城镇的发展建设。其结果就是,在城市基因要素的强烈干预下,在短时间内就能改变小城镇“遗传”系统中最基本的再生遗传性状:小城镇专属的建筑风貌、城镇格局、街巷空间、生活方式都在发生着质的变化;这一变化的显著特征是“趋同性”和“城市化”。通常情况下,房地产价格上涨越快的地区,小城镇的城市趋同现象越明显,小城镇的再生遗传差别性也就越小,小城镇的吸引力也越差。

2. 危机之二:城镇空间网格布局尺度加大,新旧功能形态的融合性较差

在复制城市的过程中,城镇空间格局形态开始发生重大变化。最明显的是街巷空间的重大改变。在虞城县的众多小城镇中,规划设计必然要受到有组织的城市规划的作用,来帮助其建立有条理的居住区和新城区。这一过程中的突出做法是将城市网格作为一种促进现代化的手段和措施,来改造已有的、不够有逻辑的现状网格。作为建立城市秩序的有效方法之一,这种改变可以有效地扩大道路的通达性、机动性,满足城镇居民日益增长的以车代步的交通需求。但由于城市基因要素并不能完全替代小城镇基因系统中的全部要素,因此,这种直接嫁接植入的方式使得小城镇的网格布局显得“畸形”,即规划方案中的小城镇具有明显的小型城市格局,规整、协调,显示出小城市的发展特质。而实际发展中的小城镇,在主要的干道支撑下,零散的分布着一些具有城市特征要素的居住片区或者公共服务区,新旧功能形态的融合性过于直接,使得小城镇中心区的平面涣散,看起来更像是一个“补丁”城镇。

3. 危机之三:“遗传”系统内基因对抗加剧,城市遗留问题在小城镇持续发酵

受快速城镇化的影响,虞城县小城镇物质空间格局也发生了较大的“变异遗传”现象:老旧街巷的改建、新区的建设以及新型农村社区的兴起。新区建设初衷良好,但在小城镇这一“生物载体“内包含了许多遗传因素,面对外力影响产生的基因突变,往往会产生一定的对抗性。“再生遗传”和“原型遗传”现象就是对于基因突变的一种对抗。在新老城区建设的过程中,小城

镇的新街区往往是一个空空荡荡的架子，改建的老街巷失去了原有的"生活性场景"，原住城镇居民仍然习惯于去旧镇赶集，在拥挤热闹的旧街巷进行日常的公共交往活动。这说明老街表现出其顽强的生命力和稳定性，旧镇在这个结构中的功能以及地位在遗传生命特征中在一定程度上被固定下来，难以改变。"变异遗传"使得小城镇进化不能基于原有遗传结构的发展要素，而最终成为时代政策影响下的"缺陷性遗传"。

## 三、虞城县小城镇空间形态的基因控制策略

### （一）基于基因要素的数字虞城建设策略

"数字城市"是数字地球的一个组成部分，是新时代下的城市发展战略之一，与生态城市、园林城市一样，数字城市可以为城市的综合发展带来许多现代技术支持下的规划管理方法和手段。随着互联网和信息技术的不断发展，城市的发展战略和方向必然受到这一领域技术的极大影响。预期在后期再植入这一先进的技术手段和理念，不如在小城镇的城镇化之初就开始进行建设。数字虞城的建设是促进虞城县整体城镇发展的科学策略，借助信息整合技术的支持，充分利用小城镇信息管理平台的基础，实现小城镇工作方式和管理方式的重大转变，走出一条以信息技术为支撑的新型城镇化道路。

如前文所述，小城镇的遗传系统中各个要素都在小城镇的发展演进中发挥自己的作用。如何通过科学规划与管理手段在保护城镇化进程中，小城镇自由的遗传系统不受破坏，最后达到合理利用与永续发展。需要对小城镇的遗传信息进行一个完整的数据管理和分析工作，包括调查、识别、规划、管理和利用等等。其目的在于通过调查与识别确定小城镇现存各个要素的重要性、敏感性和可持续性，进而通过科学的方式予以保留和更新。这一过程，需要地理信息系统的空间信息技术的支撑，以实现有机要素的量化分析及评价，进而打造数字城镇。

虞城县小城镇的遗传系统包含的有机构成要素较多，涉及地域自然条件、文化传承、历史发展、政策影响、土地及人口要素影响等众多方面。在不同时期，这些有机构成要素自身在遗传系统中都发生了不同的变化和演进，他们的相互关系也随着虞城县地域经济和社会的发展在逐渐发生改变。因此，识别虞城县小城镇遗传体系中的要素特征和变化趋势需要详尽的调查和分析工作，这种调查与分析是一项浩大的基础性工作，但是却是获得小城镇遗传信息的重要基础，没有这样的基础，规划和管理无法获得有效的遗传

密码,自然也无法提供科学的规划依据。目前,遥感(RS)技术与GIS技术的联合开发为这种信息整合提供了技术支撑的可行性。RS技术不仅可以在宏观上识别与把握小城镇的空间分布及其相互关系,而且还可以进行更为详细的调查分析与定量分析,这是任何传统的分析技术都无法比拟的优势。在RS技术分析的基础上,借用GIS的空间分析功能,可以将空间信息进行量化分析,同时,空间分层数据与空间分析模块相结合,使得GIS能够完成大量复杂问题的分析,并将对应的数据进行分类与管理,形成综合数据库,增加小城镇资源的查询、检索、分析以及可视化的表达,这对于定量化决策有非常强的帮助。

目前,RS和GIS系统在城市管理和传统村落保护与调查的工作中获得了良好的运用。这种逐渐成熟的技术手段和管理方法可以逐渐地应用在小城镇的开发建设管理中。相比目前进行的地产开发和产业引进而言,虞城县小城镇的城镇化进程更需要一个长期有效的科学引导和机制,保证其可持续的发展态势。因此,利用RS和GIS技术构建虞城县小城镇空间形态信息的管理平台对于小城镇空间形态的可持续发展和研究具有积极意义。

(1)数字虞城信息的构建内容

数字虞城的建设以小城镇信息管理平台为基础,通过数字信息技术实现村镇党政、经济、社会与文化的管理,增强国土资源的监控能力和利用能力,提高空间资源的配置效率,实现小城镇综合管理的数字精细化。其核心是关注小城镇整体发展的持续性,关注居民本身,尊重小城镇自有的遗传系统特征。数字城镇构成的主要内容主要包含六个方面:第一,城镇自然资源信息。这类信息主要包括小城镇生产、生活方面有关的资源和信息;包括地质、气候、水温和土壤等。通过调研和分析,对在自然资源中长期稳定的要素进行宏观调控,而对于处于相对变化或突发变化的事件进行监控和预警。第二,社会资源信息。包括人口、土地、社会教育、现状基础设施等情况的统计分析。第三,人文资源信息。这类信息往往能够突出地域文化特征,加强小城镇地域的可识别性,主要包括地方传统历史、文化、生活信息。由于此类信息较多的属于非物质文化和精神层面,注意调查统计过程中的原真性和完整性。特别应针对地域内此类信息的独特性予以强调说明。第四,产业资源信息。主要是针对小城镇三产资源信息的统计和发布,帮助城镇生产资料市场可以确保信息的准确性和对等性。第五,城镇管理信息。包含小城镇的行政管理、政务公开、企业信息管理等内容,对加强政府与企业、社区和个人的管理和服务有重要作用。第六,灾害预警管理信息。包括各种自然灾害、农业灾害、疫情的统计、发布、监控和管理工作,确保小城镇居民的生命财产损失降到最低。

(2)数字虞城的构建层次

数字城镇的构建有别于其他小城镇发展策略,它需要不同层次的配合才能完整构建数字体系。数字虞城的构建第一层次来源于政府管理部门,这是比较容易推广和实现的阶段,有助于加强城镇的管理决策服务。但是,仅仅停留在这一层次显然是不够的,城镇当中的企业、社区和个人也应当成为数字城镇当中的使用者和受益者。企业是紧随政府管理部分的第二层次。传统城镇企业的工作或引进方式,主要是停留在个体经济效益的发展和为当地带来的经济与就业机遇。这种方式不利于政府对于企业的管理和监控,也不利于企业利用科技进行改造技术的创新。因此,通过信息技术逐步对城镇企业进行改造升级,形成新的企业信息数字化管理模式,可以有效的加强企业和政府之间的互动关系,也能够在一定程度上淘汰一批重视短期经济效益的中小企业,削弱快速经济发展对脆弱的小城镇遗传系统的负面效应。社区是整个体系的第三个层次,也是连接政府与个人之间的纽带。新型城镇化不是小城镇的“复制城市化”,但是并不否认科技进步为生活带来的重大变革,因此,数字社区是最大限度的体现小城镇居民生活水平现代化的标准之一,社区各项服务的数字化远比复制城市的高层建筑更具有深远意义。数字虞城体系的最后一个层次是个人,他们既是数字城镇的受益者,也必须成为数字城镇的使用者。就地城镇化目前所面临的困境并不是缺少城市化的道路和建筑,而是缺少城市发展的意识和理念。个人数字化层次的体现,主要就是小城镇居民与城市居民无差别化的拥有和使用现代化信息科技所带来的各种成果。从日常生活到生产工作,两者的差别不过是地域生活空间的差别,这样的城镇化才是有意义的城镇化。

### (二)基于显性遗传特征模型引导下的小城镇规划策略

当下小城镇形态控制的重点在于新的开发建设与传统因素关系的平衡和梳理。虞城县目前面临的问题主要是小城镇空间形态遗传系统演进过程中,城镇开发建设引起的一系列固有遗传性状因素的畸变和消失。而传统城镇规划策略和手段重视的是建筑群的空间组合模式,建筑高度、体量、绿地类型、容积率等等内容,适用于快速建设导向下的城市化发展阶段,而对于“个性”和“可识别性”的空间形态演进方式并不具有较好的引导性质,甚至是起着阻碍作用(很多情况下,传统的规划手段的可复制性也是造成千城一面的根源之一)。因此,基于城镇数字化建设的基础,系统地建立小城镇显性遗传特征模型,将小城镇固有的地域属性量化和规范化,在规划过程中结合特征模型,针对显性遗传性状进行强调、重组或更新,结合时代特征元素(比如美丽中国、美丽乡村),总结出适合个体小城镇自身的规划策略和模式。这样的小城镇规划策略的构建对于小城镇形态演进和社会发展具有较强的指导意义,也是解决小城镇形态基因演进过程中出现各种矛盾的关键所在。

显性遗传特征在这里指的是小城镇遗传系统中基于历史、现状研究,小城镇空间形态所体现的一系列直观特征,并且对小城镇的形态演进和发展具有重要意义和作用。它包含物质空间和社会生活两个层面,每个层面又分别包含共性和个性两个板块。

### 1. 基于物质空间共性特征的完全显性遗传性状控制——渗透与生长的链接策略

任何小城镇在物质空间上所表现的完全显性遗传性状都决定了这个小城镇的特殊属性,如同一个人一样,即使他通过美容手术,完全换了一张面容,甚至肤色,但是他的整体骨骼和性格特征依旧决定了他还是原来的人,并不会因为外形的改变而发生质的改变。通过对虞城县一系列小城镇的规划考察,在结合乡镇现状和小城镇规划的基础上,总结出虞城县小城镇在物质空间上的共性特征及其遗传性状控制策略,即一种渐变的新陈代谢方式。

小城镇中心区的生长过程必然有一个依托的核心和一个主体的脉络关系。对这个空间中心和脉络的认同是小城镇保持活力的动力机制。城市化阶段也是小城镇自身新旧秩序此消彼长、重新建立新格局的阶段。停滞下来的历史和不断迅速向前发展的现代生活之间的断层如何衔接,经济迅速增长的压力和空间承载力之间的矛盾如何解决是在空间秩序重构阶段需要认真思考和解决的核心问题。与其用纯精神层面的呼吁和无力的保护来对抗现代化推土机的前进步伐,不如选择内外机制的渗透与融合,以期共同生长的结果。渗透与生长的连接策略适用于发展速度较快,传统地域特色缺少系列要素或者较为薄弱的小城镇。

渗透与生长的链接方式是未来虞城县小城镇发展不可避免的一种共性发展模式。在这一模式中,渗透注重延续地域原有的场所精神,将孤立的存在于小城镇中的历史遗留片段作为特定的"物质空间"保留下来,可能是一条街道,或者是一处院落,或者一个街区。在尊重并保持小城镇原有的社会功能和生活习俗的基础上,通过与现代科技文明的融汇贯通,实现这一特定"物质空间"的复兴和再创造。生长则是指现代社会文明和科技在小城镇形态基因遗传中的根植与融合。毋容置疑,虞城县的小城镇在未来的人口和土地规模都将有较大的变化，墨守成规的保有缓慢演进和发展的态度来看，小城镇自身的形态演化和发展是不科学也不现实的。从利民镇老城和新城以及利民工业园区的发展中，我们就可以看出，在城镇发展过程中，生长过程是必要的进化阶段。在城市化的推进过程中，将有一批具有良好经济基础和产业基础的小城镇加快自身的“生长”过程，历史的物质表现不再以一种物质场所的形式存在，转而以一种社会意象的方式继承下来。

2. 基于物质空间个性特征的完全显性遗传性状控制——社会公共活动的稠化

小城镇生活的个性特征是具有地方亲和力和地域多样性，这一过程与城市公共空间的事件发生有着明显的区别，在不同小城镇之间也有着明显的差别。但是，随着城镇化的纵深推荐，两个明显的突变基因性状在小城镇发生，并逐渐成为小城镇显性性状特征。其一，是城市广场逐渐融入到小城镇公共空间形态当中；其二，是小城镇街道空间尺度功能发生了较大变化。由于广场、街道在城镇外部空间活动发生、组织上的特殊功能和意义，这些物质要素已经成为小城镇外部公共活动发生的催化剂。与前文提出的催化机制相应的控制策略便是“稠化”——量上的增多、强度的加大以及广度的延展。城镇外部空间公共活动和事件发生的可能性的增多，活动频率的增大以及辐射范围的提高，是“稠化”策略的主要目的，也是小城镇社会生活个性特征的完全显性遗传的控制内容，它将决定小城镇显性社会生活可识别性的主要特点和发展方向。

(1)广场——外部公共空间活动发生的新场所

随着城镇居民各种社会交往活动的增多，小城镇广场的作用越来越明显，成为公共空间形成的重要场所。广场这一空间形态在中国传统小城镇当中并不是主要的空间形态，与欧洲传统小城镇以广场或教堂为中心不同的是，中国的小城镇更注重邻里空间、寺庙和市场的空间营造。随着城市空间基因要素不断的被植入小城镇遗传体系中，广场也逐渐的成为小城镇基因发展中的一种要素。与城市宽敞、气派多变的广场不同，小城镇的广场并不一定根据规划和城市设计的要求而设置，可以用建筑、道路、绿化、小品等组合成围合、半围合、开敞等空间。采用步行系统来满足居民生活需求。城镇广场的主要功能为交往、休息、娱乐等。因此，小城镇应该依照城镇规模、结构、形态、经济社会、群众意识，结合本地实际情况，因地制宜地建成各具形态的广场。综合来讲，关键要抓住以下四个方面。

①注重自然生态,引入可持续发展的理念

小城镇广场设计应尊重自然,从城镇生态环境整体出发。一方面引入城镇边缘自然要素,通过融合、嵌入等园林设计手法,使人们在有限的空间中,领略和体会到大自然赐予的自由、清新和愉悦;另一方面,广场设计本身要充分尊重生态小环境的合理性,以软质环境为主,广植适合当地生长条件的树木,不需要过分雕琢、贪大求洋。这样既美化了环境,又回归了自然,同时节省了大量建设资金。

②把握好广场空间尺度比例

小城镇广场是城镇空间环境的有机组成部分,因此,小城镇广场应是一个有机的、多功能、多层次的空间体系,正确认识广场所处的区位、性质,恰如其分地设计。不能使所有广场都建成功能单一、构图严谨、缺乏人情味的中心广场。如果采用统一的模式,追求严格的规则对称,比例尺度过大,追求宏伟的气氛,必将破坏小城镇的有机整体。

③注重地方特色,突现广场个性

小城镇广场由于规模小,投资少,应根据城镇特色,依托自然,尊重自然,并熟知城镇的历史和文脉,分析广场所处的区位、功能、地形以及与周边环境的关系,不断深化、推敲、升华,使广场既具有地方特色、时代风貌,又与居民生活紧密结合,有机相融,同时又不要强搬硬套,牵强附会。广场的设计要有设计思路,构思要巧,立意要高;抓住广场空间组合要素即建筑、道路、铺地、绿地、水体、小品、雕塑等综合布局,科学安排,创造极具个性魅力的特色空间,与小城镇整体环境风格相协调。如果背离了这一点,广场的个性特色也就失去了意义。

④注重文化内涵,继承传统氛围

小城镇广场在设计中,应用暗喻、隐喻等手法,运用各种建筑文化符号,体现广场文化内涵。小城镇广场服务的是广大城镇居民和农民,更应该讲究广场的文化氛围。在群众性文化活动需求日益增长的今天,小城镇广场的设计一定要重视文化氛围的创造。具体的来说,可以在广场周围安排文化设施。广场环境多层次设计,为市民提供多样化的文化活动。注意铺地、灯光、音乐等手段的综合运用,激发人们公共文化活动的表演欲望、参与欲望,为广场注入更多的生命力和艺术魅力。

总之,小城镇广场应该科学借鉴城市广场的设计手法,但是不能盲目照搬照套,从实际出发,贯彻以人为本的原则,充分考虑广大农村居民的心理需求、交往需求、空间需求、文化需求。创造出适应各种要求的各具特色的小城镇广场。

(2)保留街巷空间特征以促进丰富街道生活的延续

街道是人们阅读城镇与了解地方历史的主要工具,它将城镇中的历史性场所、公共建筑、商店、住宅、广场等空间相互串联,并且经由街道本身的配置型态与其两旁建筑物的使用特性、外观形貌特征等,表现出其自身在城市发展过程中所扮演的角色,并给予参观者一个明晰易辨的空间意象。街道不仅满足了人们在日常生活中对于购物、上学、休闲与社交集结等种种需求,同时也显现与文化相关的公共生活,并且在邻里的组织中扮演着结构性角色,具备经济与社会的双重属性。因此,稠化策略的重要内容是最大限度地保留原有丰富的街道生活,回避城市建筑重复发展中带来的“冷漠、孤独、远离”等系列邻里交往问题。

杨·盖尔将户外活动分为三种类型:必要性活动、自发性活动以及社会性活动,由此概括了人们在城镇公共空间中的主要活动方式。对于街道空间而言,必要性活动就是日常的通勤与目的性极强的步行交通,自发性以及社会性活动则是让人停留并参与的一些可能性活动,如闲谈、小坐、观演、集会等等。这些都依赖于街道所能提供的驻停空间以及空间所带来的可能性活动的多样性。

基于这种目的,虞城县小城镇的街道特征应保留原有遗传系统中“人的街道”属性。经济的发展和生活水平的提高不能改变街道协调空间的作用,小城镇的街巷生活之所以是人体尺度下的生活,主要是依靠周围建筑的连续性和韵律性。复制城市的高楼和空地不可能形成街道空间和宜人的尺度,更不可能促进更多的城镇生活交往和公共活动的发生。因此,更新和塑造这样的街巷,需要以下不可或缺的条件。

①散步的场所。人只有在步行的时候,才能够看清你遇到的路人的面孔和体态,并且体会到置于人群中的乐趣。而且只有在步行的环境中,人们才能最大程度的融入社交环境中,与周边的建筑、环境亲近,并且最大限度的与他人进行亲密交流。与城市的散步场所不同,城市的机动交通往往与步行者一同分享公共交通空间,城市设计师更多的是思考如何让这两者均衡的发展,并且最大限度的为步行交通提供尽可能多的形式和空间。而在乡镇,步行场所本身就是其优于城市、具有吸引力的特色之一。设计师要考虑的就是,如何不要让原本悠然自得、不疾不徐的步行环境为机动交通所取代。

这个条件似乎很容易满足,但是考虑到小城镇的发展需要,我们不得不考虑一些基本要求。首先,人车分行,人行道的设计是必须的。人行道绝不能给人以拥挤的感觉,也不能让人感到尺度过大而引起孤单;同时,人行道必须让行人远离机动车辆的危险(这也是逐步提高小城镇居民生活水平的一种必然趋势)。其次,设计人行空间的尺度应考虑人的行为舒适度和可能发生的街巷活动。由于人行空间的比重受空间大小、散步原因和街道本质特征影响。因此,小城镇的步行尺度推算不能依附于工程师对机动车道的计算,成为他们的附属品,没有任何证据表明,机动车道宽窄的变化对人行道空间尺度的舒适性和人群活动产生根本性的影响和制约;相反,每个不同地区的小城镇的步行者都有着属于自己的人流特征。因此,改变工程师传统的设计道路的计算方法,将行人与机动车平等对待,纳入小城镇道路设计系统中去,必然可以最大限度的保留街巷的丰富生活,又为机动车留下适度的交通空间。最后,注意路面的分割方式。小城镇的街巷与城市有着尺度和功能上的巨大差异,无论如何,小城镇的交通流量和复杂程度都不可能达到城市的发达水平,因此,小城镇道路更新和发展中应创建属于自己的路面分割方式。很多情况下,城市当中的分割空间的方法,比如路缘石在小城镇的街巷空间中是过于生硬的分割方法,使用者无法感受到小城镇人体尺度下的空间融合。取消路缘石,对于并不宽敞的街道来讲,不失为一种更好的办法。当然,居民的交通意识和行为也是对这种空间塑造的一种考验。真正优秀的品质街道是空间的塑造和人的行为的共同作用,这也是小城镇居民在城镇化过程中必须要应对的行为"文明化"的一种考验,缺少了这一行为文明化的过程,任何空间的质的变化都是短暂的。

②环境的舒适性。在城市当中塑造舒适的步行环境,往往要花费更大的力气,因为他们的人工环境需要更多的自然属性。而在小城镇中只需要稍稍花费心思就可以达到意想不到的效果。可惜的是,很多小城镇的环境处理都首先照搬了城市的处理方式,而忽略了自由条件的发展。创造最舒适的街道的基本原则就是让人倍感舒服,即在阴冷环境,他们就会带来温暖和阳光,在酷热环境,他们就会带来清风和凉爽。舒适的街道环境总能因地制宜的利用环境要素为行人提供一些合情合理的保护,而不是与环境作对,生硬的使用现代化的科技手段和施工工艺去提供所谓的人工环境。

基于这一点,设计师和管理者需要重新审视城镇街巷景观的更新与建设。街道的使用者都深知舒适为何物,设计者和管理者只需要将这一感官体验进行一定程度的定量评估,创建舒适指标并纳入当地的设计法则即可。千篇一律的行道树或者绿化隔离带并不一定能够在城镇的街道中发挥它们最大的功效。

③界面良好的连续性和序列感。形成街道空间界面的要素很多,可以是建筑物,也可以是树木、柱廊等。但以建筑物为垂直界面围合的空间,是最易为人们所感受的,也是最能吸引人群集聚和互动的要素之一。

连续性是线性形态的共同特征,对于街道空间来说,连续性是其界面的视觉特征形成的基本要求，因为从视觉心理出发，连续的线形是具有“格式塔”完形效应较佳的形式。《马丘比丘宪章》指出：“新的城市化概念是追求建成环境的整体性”。意思是说，每一座建筑不再是孤立的，而是一个连续整体中的一个单元，它需要同其他要素进行对话，从而使自身的形象完整。街道空间界面所具有的强烈的形式感、秩序感以及动人的线性空间美都源于这种连续性。相反，如果连续性很差，界面多次被打断，或缺乏必要的延伸长度，则上述特色必将逊色甚至消失。

针对街块界面的整合策略有：(a)立面构成控制。建筑立面构成控制，主要体现在尺度、韵律的变化中形成富有节奏韵律感的建筑立面和轮廓线。充分利用建筑墙面的连续性和变化；建筑檐部特征和天际线的轮廓；建筑形式，包括色彩、结构、符号、母题和细部等环节达到一种统一与变化的平衡，适当加入活跃元素，形成多而不乱、协调而不单调的空间效果。(b)建筑风貌控制。建筑风貌的差别可形成人在空间中的位置感和新鲜感，并有助于塑造不同性格的空间气氛。建筑风貌应呈现大范围内群体的风格多样，小范围群体内的和谐统一，既反映地区内不同功能与文化特征，又保持了空间的连续，不会造成风格的混乱。(c)塑造悦目的景观。街道界面的限定有时是单一的建筑，有时是景观植被，更多的时候则是两者的结合。大多数情况下，能够促进眼球运动的街道环境也是保持街道界面连续和丰富的要素之一。需要注意的是，视觉上的丰富必不可少，但是绝不能过于丰富，以免在街道中喧宾夺主。比如，树叶飘落，阳光撒进，招牌亮起来，一瞬间的变化吸引了短暂的行人视线，之后，新的变化将会转移行进着的注意力和方向。小城镇悦目的街道景观的更新和塑造，应注重在完整文脉中的复杂性要素，提供清晰的方向感，而不是如同在城市中一般喧闹和迷茫。

### 3. 基于社会共性特征的完全显性遗传性状控制——社会服务活动的匀质化

很多学者在研究小城镇人口流失或乡村人口流失的过程中，很大程度上归结于乡镇级别和村庄级别缺少必要的产业支撑，即不能提供足够的就业岗位和吸引力。从某种意义上来讲，这种结论带有一定的片面性，原因在于既然城乡体系中存在城市—乡镇—农村这样的层级差别，那每一个层级都有自己固定的独立体系。与城市产业相比，乡镇和农村自然不具有更强的竞争力，而这本身也不是乡镇和农村作为独立体系存在的主要决定因素。中国社会居民由低级行政级别向高级行政级别迁徙的一个主要因素是社会服务活动的非匀质化分布。在城市-乡镇-农村三级不同的行政级别中，社会生活共性的完全显性特征集中反映在公共服务设施、道路系统、市政设施三个方面；而城乡体系中的层级差别，直接导致这三者巨大的层级差异。未来寻求更加优质的社会服务，村镇居民自然会向更高层级迁徙，因此，实现社会服务活动的匀质化，即实现社会共性特征的完全显性遗传性状的同一性，才能确保整体遗传体系内部稳定的流动关系。具体措施包含以下三个方面。

(1)公共服务设施

完善公共服务设施体系是小城镇社会生活层面共性板块的最基本原则。这一体系的布局方式和结构特征直接决定了小城镇形态是否具有良性发展和持续发展的可能性。可以从三方面入手考虑。

首先，针对小城镇不同类型选择公共服务设施配置。如表4-1所示，虞城县内小城镇的职能类型不尽相同。传统的《村镇规划标准》和《镇规划标准》都难以对小城镇公共服务设施规划起到全面的指导作用，即便是同为综合型的稍岗和利民，由于发展历程和支撑要素不同也存在较大差别；而使用《城市居住区规划设计规范》无疑又会使小城镇植入过多城市基因，变得不伦不类。因此，针对小城镇典型类型特点，紧扣居民生活需要，全局考虑资源分配上的公平性原则和正义性原则，不能将产业所带来的经济效益作为决定性要素。

**表4-1 虞城县小城镇职能类型**

| 职能等级 | 职能类型 | 城镇名称 | 职能分工 |
|---|---|---|---|
| 县城 | 综合型 | 虞城县城（含城关镇和城郊乡） | 中国钢卷尺城，中国木兰之乡，商虞一体化组成部分，以量具和机电制造业为主的现代制造业和纺织服装业为主导的综合型城市 |
| 中心镇 | 工贸型 | 利民 | 商虞一体化推进区重点镇，县域北部中心镇，以食品深加工业为主导的小城镇 |
| | 工贸型 | 杜集 | 县域南部中心镇，以粮食加工和商贸为主导的小城镇 |
| | 化工型 | 贾寨 | 商虞一体化推进区一般镇，主要发展化工产业及其配套服务业 |
| | 旅游型 | 营廓 | 乡域政治、经济、文化中心，以旅游服务业主导的外向型小城镇 |

续表

| 职能等级 | 职能类型 | 城镇名称 | 职能分工 |
|---|---|---|---|
| 一般镇 | 商服型 | 古王集 | 商虞一体化推进区一般镇,主要发展农村集贸和商贸物流服务业 |
| | 商服型 | 李老家 | 商虞一体化推进区一般镇,主要发展农村集贸和物流服务业 |
| | 工交型 | 刘店 | 乡域政治、经济、文化中心,以农副产品加工和交通运输业为主导 |
| | 工贸型 | 站集 | 乡域政治、经济、文化中心,以纺织业主导的外向型小城镇 |
| | 工交型 | 黄冢 | 乡域政治、经济、文化中心,以农副产品加工和交通运输业为主导 |
| | 交通型 | 谷熟 | 乡域政治、经济、文化中心,以交通运输和集贸业为主导 |
| | 集贸型 | 其他乡镇 | 乡域政治、经济、文化中心,农业服务基地,农村集贸中心 |

其次,构建公共服务设施指标体系,包括教育、医疗、社保和就业。人类传宗接代和对高层次生活水平的不断追求决定了居民向优质公共服务设施所在地迁徙的特点。因此,平衡城乡公共服务设施配置的差别需要构建完善的指标体系,明确城市—乡镇—农村不同层级的服务设施功能标准,并得到当地居民的认可。

最后,合理配置公共服务设施的物理空间,形成完善的公共服务设施空间体系。包括产地规模,与周边功能的关系,空间配置关系以及对地方特色的尊重和使用。

(2)道路系统

这里所说的道路系统不是具体指某一个街巷空间,而是指整体的交通体系。“要想富,先修路”,这是传统中国人对城镇发展的认识,这一道理直到现在仍不失为小城镇和城市发展的指导原则。小城镇道路系统较之城市要简单得多,但是对于小城镇的发展却至关重要。匀质化的道路系统设计原则在小城镇道路体系中即为四个兼顾:兼顾内外道路的连接,提高道路的可达性;兼顾人行与车行的关系,确保小城镇传统的街巷空间尺度;兼顾发展与生态的关系,确保现代科技融入地域化的生态环境之中;兼顾效率与公平,保障城镇居民出行与产业运输资源的合理配置。

(3)市政设施

市政设施的匀质化配置原则不仅改变中国小城镇与城市之间的差别,也将拉近与国外小城镇发展之间的距离。水供应、水处理、垃圾处理、电力、电信以及信息化光纤等等问题是小城镇看起来永远呈现破败的根源之一。一个有特色群体建筑的小城镇,缺少优良的水处理环境、垃圾处理环境,没有充足的电力供应和信息联络,留不住人;而市政设施较为完备的普通小镇,依然可以以一种平庸但宜居的姿态成为居民留下来的原因。因此,完善小城镇市政设施配置,在房地产日益繁荣的今天有着重要意义。地方政府和开发商在土地城镇化过程中的获利部分应转化为当地市政设施的建设资本,房地产市场的繁荣应带动小城镇市政设施的匀质化配置和质量的显著提高。

#### 4. 基于社会个性特征的完全显性遗传性状控制——地域资源的可视化

虞城县地域资源从区位条件、产业特征到历史文化资源可谓相当丰富,通过对现有虞城县小城镇地域资源的研究和归纳,提炼了虞城县小城镇重要的个性特征,并提出相应的可视化控制策略。

(1)交通优势的可视化

交通道路建设,将激活沿线地区城镇间的交流活动,加速其产业要素流动与转移,增强其城镇吸引、辐射能力,推动沿线地区产业结构重构与空间结构优化重组,从而使沿线地区经济社会与基础设施建设进入良性循环发展状态,交通道路建设对城镇发展具有重要的引导作用。从图 4-9 中可以看到,虞城县绝大部分的小城镇受道路交通的影响较大,现状发展呈现带状形态发展态势,小城镇往往由 1—2 条主要干道起主要的内外交通联系通道,因此总体形态狭长,延展性很好,横向发展相对较为缓慢(见图 4-9)。因此居民同乡村自然环境非常接近,也比较容易防止城镇规模扩大而过分集中,导致环境人为的恶化。因此,借鉴玛塔的带型城市理论,在此类小城镇中积极利用交通优势,控制人口规模,将主干交通资源作为空间骨架承载的特点可视化,即强调带型空间的延展性,沿线空间布局注重“通、透、折”,避免摊大饼式的用地扩张,可以有效地创造具有明显生态优势的小城镇。

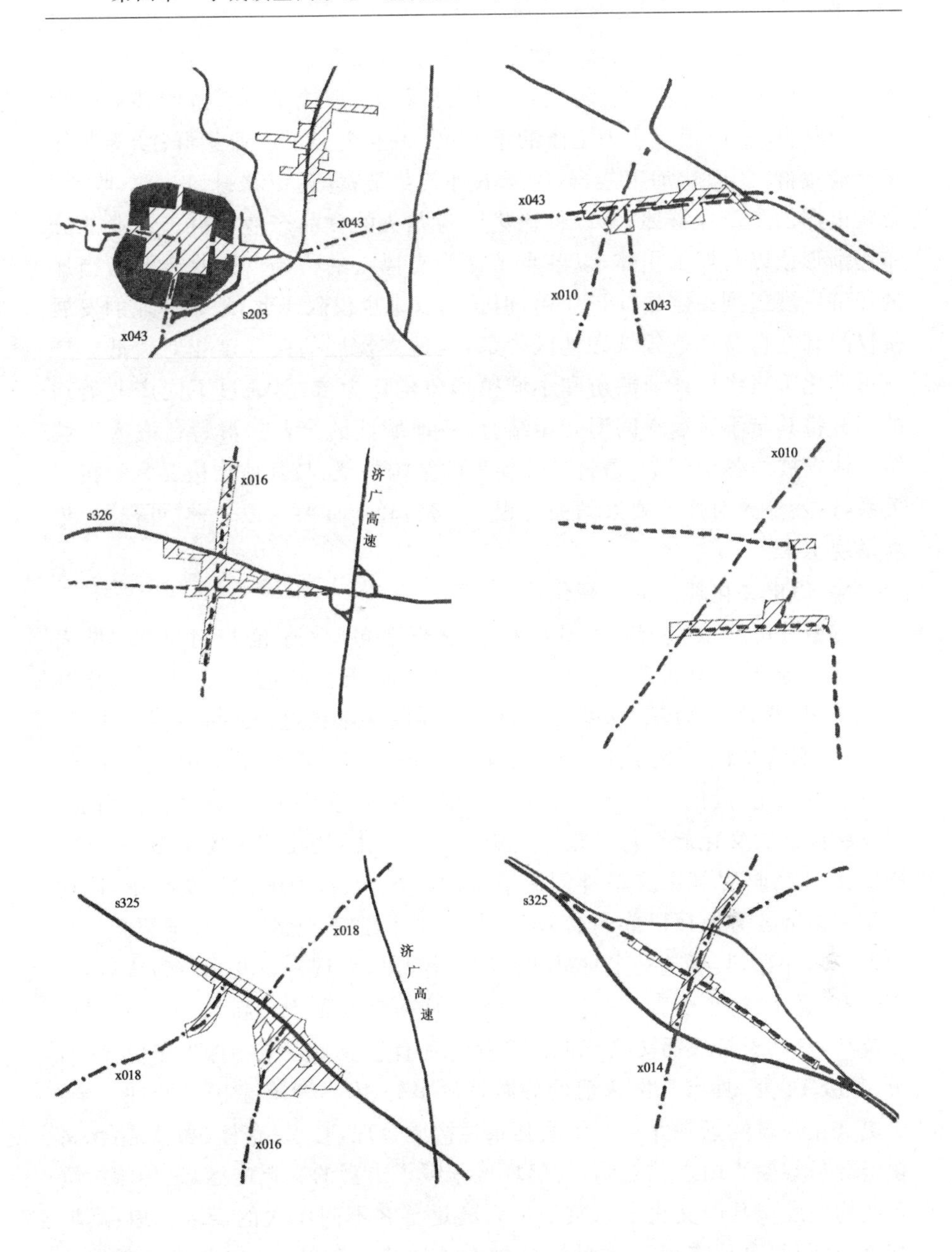


图 4-9 虞城小城镇镇区沿路发展结构示意图

(2)产业优势的可视化

虞城县自然条件优越,农副产品资源丰富,已成为河南省粮、棉、油、果、畜产品的主要产区之一。著名的企业科迪集团位于利民镇,虞城的钢卷尺兴起于稍岗乡。猪毛加工企业分布在黄冢乡、营廓镇和杜集镇,其中黄冢乡分布最多。另外，张集镇、镇里堌乡、大杨集镇和乔集乡的红富士苹果远销省内外。虞城县民营工业经过多年的成长壮大，形成了具有鲜明特色的六大产业集群：①以稍岗乡为主体的钢卷尺、小五金加工产业集群；②棉花加工产业集群；③面粉加工集群；④肠衣加工集群；⑤通讯器材、扩、放、收录、音响电器加工产业群体；⑥以科迪集团为龙头的食品产业集群。产业的分布逐渐形成以县城为主体，以各乡镇区为支撑点的格局。这些产业为当地的经济发展起到一定的促进作用，但长期以来也仅限于此，地域产业的发展仅仅限制在自身产业领域和地区内部，与地方发展的关联度相对较低。产业可视化策略将以产业旅游和小城镇形象构建为依托，通过不同产业类别的划分将其与小城镇空间形态相结合，将地域性的产业集群特色嵌入小城镇整体发展的各个环节，透过产业要素的结构特征、与其他结构要素的相互关系，以及外界对产业要素的关注程度，将特色产业要素以一种“可视”的角度呈现出来。

(3)历史文化遗产的可视化

虞城县历史文化遗存、遗址和遗迹非常多，保存也相对完整(见表4-2)，作为旅游资源而言具有“古、士、高、全、通”五大特色。古：历史文化资源丰富，开发潜力丰厚。从龙山文化到夏商周文化、春秋文化、三国文化、唐宋文化、明清文化上下近五千年，贯穿了中华民族发展的整个历史过程，加之以宗教文化、民俗文化、饮食文化、传说文化等等，深厚的历史文化内涵，对发展该区的文化旅游将是很好的资源基础。士：历史文人志士多，为开发历史文人遗址，弘扬人文精神创造了条件。花木兰，中国古代女英雄，以代父从军击败北方入侵民族闻名天下，唐代追封为“孝烈将军”，设祠纪念。在后世影响深远，其事迹被多种样式的文艺作品所表现。以花木兰为代表，还有伊尹、仓颉、杨东明、商均、田珍、魏征等诸多名人雅士。高：历史文化资源品位高，有利于拓展历史文化旅游产品。现有省级重点文物保护单位4处，市、县级14处，具有开发价值的旅游资源多处，有些具有全国垄断性。全：历史文化与自然景观并存。虞城县景观构成合理，有水、有林，水林结合、文化资源巧妙融于山水林之间，自然环境承载了丰富的文化内涵，这种旅游资源结构使虞城县的文化生态旅游可以满足游客不同层次的需求。通：虞城县交通便利，全县实现了行政村村村通柏油路，80%以上的自然村通柏油路，为虞城旅游业的发展奠定了坚实基础。

**表 4-2　虞城县已定级文物保护单位一览表**

| 级别 | 单位名称 | 历史文化期 | 地址 | 确立保护时间 | 现状 |
| --- | --- | --- | --- | --- | --- |
| 省级 | 任家大院 | 清朝中叶 | 城关镇大同路中段路北 | 2000 年 | 保存完好 |
| 省级 | 木兰祠 | 唐代 | 营廓镇大周庄村 | 2008 年 | 存修复的仿唐建筑 |
| 省级 | 魏堌堆遗址 | 夏末商初 | 店集乡魏堌堆村 | 1986 年 | 保存完好 |
| 省级 | 营廓遗址 | 龙山、商周、汉唐、宋元等各个时期 | 营廓镇营廓小学现址 | 1986 年 | 保存完好 |
| 市级 | 利民城隍庙 | 明代 | 利民古城北街隅首西 | 2002 年 | 保存完好 |
| 市级 | 隋唐大运河遗址 | 隋唐时期 | 虞城县芒种桥乡、谷熟镇、站集乡325 省道虞城段 | 2006 年 | 保存完整 |
| 县级 | 杨东明墓 | 明朝 | 利民镇任庄自然村前 300 米处 | 1982 年 | 保存完整 |
| 县级 | 商均墓 | 商朝 | 利民镇商墓村北200 米处 | 1976 年 | 群众拉去坟土6 米 |
| 县级 | 马牧东大寺遗址 | 唐朝 | 城郊乡罗庄村西 | 1976 年 | 进村古银杏树一棵、寺台一处 |
| 县级 | 仓颉墓 | 黄帝时期 | 古王集乡谷堆坡村西 100 米处 | 1976 年 | 保存完整 |
| 县级 | 中共刘屯支部活动旧址 | 清代祠堂建筑 | 镇里堌乡刘屯村刘屯小学内 | 1982 年 | 保存完整 |
| 县级 | 杜集杜大寺遗址 | 龙山文化时期 | 杜集镇王菜园村东南 200 米处 | 1976 年 | 上层被汉墓打破 |
| 县级 | 魏征坟 | 唐朝 | 店集乡王庄自然村北 200 米处 | 1976 年 | 保存完整 |

续表

| 级别 | 单位名称 | 历史文化期 | 地址 | 确立保护时间 | 现状 |
|---|---|---|---|---|---|
| 县级 | 叶廷桂墓 | 清朝 | 刘店乡叶田庄自然村西 200 米 | 1982 年 | 保存完好 |
| 县级 | 田珍墓 | 不详 | 刘店乡谕祭坟村西 | 1982 年 | 仅存坟墓一座 |
| 县级 | 金楼旧址 | 清朝 | 大侯乡金楼村 | 1976 年 | 保存完整 |
| 县级 | 邢庄烈士陵园 | 解放战争时期 | 郑集乡邢庄自然村中 | 1976 年 | 保存完好 |
| 县级 | 张公店歼灭战纪念地 | 解放战争时期 | 郑集乡张公店村张公店小学内 | 1982 年 | 保存完整 |

就目前虞城县文化遗产旅游资源的开发利用情况来看,没有形成具有核心竞争力的品牌形象,知名度整体较低,究其原因,主要存在“平、散、乏、乱”四大劣势。平:虞城县的自然生态资源虽有水有林,但水不秀林不齐,平原地带的生态环境也属一般;历史文化资源虽然古建遗址较多,但精品较少。散:一方面,虞城县主要的旅游资源,如木兰祠、伊尹墓等相距较远,而且不连山不连水;另一方面,虞城县的主要的人文资源,在空间上比较分散,时间上跨度较大,从西周到民国均有,这也是中原地区的普遍现象。乏:自然风光缺乏秀美壮丽;历史遗址、遗迹知名度较低;“民俗民风”并非独一无二;旧城格局和私人府邸缺乏鲜明的特征和个性。乱:各景区可进入性差、美誉度差、整体品味低、经营管理水平低,缺乏规划、管理混乱、房屋乱建、神像乱塑,也缺少与周边小城镇之间的互动关联。因此,历史文化遗产的可视化策略,首要解决的是历史文化遗产所在地与小城镇发展之间的互动关系问题,即通过将历史文化遗产与所在小城镇的关联度逐步提高,形成综合一体化发展,保障历史文化遗产作为一种符号和形象深入到小城镇的建设中去,具体包括在文化遗产所在地小城镇形态遗传系统中的三个植入策略:植入符号信息,植入文化信息,植入空间相对关联信息。植入符号信息,是一种在小城镇的可识别标识系统中融入具有代表性的历史文化符号的做法。植入文化信息,是在小城镇社会生活层面主动关联历史文化的内容,增强文化传播的力度,做好从发源地向外界逐步推广的基础准备。植入空间相对关联信息,即通过交通路径的串联和指引,以及小城镇公共服务资源的配置,为历史文化旅游产业的建立提供可靠的保障,这也是历史文化遗产可视化的关键所在。

### (三)基于空间尺度控制的城镇设计导则策略

1. 制定科学合理的城镇设计导则

城市设计导则强调了过程和规划的双重性,可以在规划和实施之间建设沟通的桥梁,最大限度地保障公共利益。借鉴城市设计导则的这一基本特点。快速城镇化的进程中,对小城镇的开发和建设之初需要制定科学严谨的城镇设计导则,以便于解决小城镇在快速发展过程中出现的总体发展战略与具体的形象建设之间的衔接问题,可以有效地控制不同机构和民间开发者的建设活动,保障在宏观策略的指引下,微观建设可以按照预期的发展目标保证建设质量和行进方向,有效的解决小城镇形态发展与经济社会发展不对称的矛盾。目前,很多城市设计手法和导则运用在“新区建设”和“典型”城镇的保护中,这是一种有益的实践。

如前文所述,小城镇形态发展过程中所面临的问题并不是由宏观政策引起的,而是在具体的执行过程中缺少有效的、适应新时代发展策略的引导而产生的种种畸变现象和结果。因此,制定良好完善的设计导则,提供一个小城镇发展的框架和模式,并对微观的设计者和开发者留有发挥的余地,对于整体小城镇形态基因的控制和发展十分有利。

2. 城镇设计导则的目的

首先,明确县域范围内小城镇的各自特色。利用数字信息技术搭建信息化平台,打造数字虞城,可以有效地为与虞城县域内的小城镇创建完整的信息库,有利于分析并归纳出各个乡镇的地域特色,包括独立乡镇的宏观和微观层面。在此基础上,利用城镇设计导则的作用,针对性的提出相应引导策略,避免出现“千镇一面”和“文脉断裂”的城镇。

其次,保障城镇公共空间的利益,确保正义空间的存在。小城镇的公共空间与城市的公共空间具有完全不同的属性,照搬城市的一套是完全不能适应自身的发展要求的。但是两者具有相同的目标,即保障居民公平享有公共空间的权益,体现以人为本,创造正义空间。同时,由于小城镇公共空间相对城市的单一性,行之有效的城镇设计导则可以最大限度地控制公共空间的形成和发展,与城市相比,城镇设计导则比城市设计导则对小城镇的指导作用更加有效,且容易实施和管理。

再次,确保可实施的行政管理。小城镇的发展历程证明,随时可变的行政管理和“一人之言”的管理模式,都无法为小城镇的可持续发展提供有效的社会政策保障。城镇设计导则的编制过程中与控制性详细规划结合在一起，保障了其具有一定的法定地位，可以通过控制、建议、引导三种不同的控制要素，实现行政管理层面的弹性控制。

3. 城镇设计导则应遵循的原则

通过梳理小城镇的历史、地理概况以及城镇形成的影响因素，研究分析现有城镇形态及形象，逐步探讨城镇的景观特色与建筑风貌。城镇设计导则的总体框架应包含以下主要几个方面的对策：首先，城镇的形态格局，强调塑造城镇的独特风貌与特点。其次，自然和文脉保存，强调对小城镇自然资源、历史文化、文物、特殊地形地貌和非物质文化遗产的保存。第三，大型发展项目的影响评估。具有一定规模以上的所有开发项目均需要与四周景观及生活环境保持和谐。需要特别注意的是，一些具有群集效应的个体小规模企业开发也应纳入这个体系，避免遍地开花的后果。最后，保持并更新邻里环境。促进小城镇居民生活水平的提高，保障邻里交往的安全性、舒适性和便捷性。具体而言，虞城县小城镇设计导则的应用遵循"宜人尺度"这一基本原则，这是决定城镇设计导则所有内容的根本性原则。

这里所说的尺度为相对尺度，主要包含两个方面：人的尺度和小尺度。人的尺度具有亲和性，能够促进社会人际交往。许多优秀的小城镇之所以能够吸引城市人的特征之一就是其具有人的尺度的城镇空间形态。所以，强调这一基本特征，对于虞城县小城镇形态基因的控制有着至关重要的意义。人的尺度更多情况下是不可量度的标准，可以从舒适性、安全性和归属感三个方面考虑。舒适性，强调以"人体"感受和行为为基本出发点，空间塑造形体环境都重视宜人的比例和尺度关系。安全性，这是小城镇空间设计、管理和使用中的一个重要因素，包括空间使用安全、社会事件安全和公共管理安全。归属感是小城镇在快速城镇化发展过程中重新定位并寻回的根本性要素。一个缺少居民归属感的小城镇，任何外在因素的影响都可以造成城镇自身体系的崩溃，进而促使城镇逐渐衰亡。归属感的设计，必须兼顾城镇生态环境和居民生活质量两个方面，避免照搬城市的形象工程。

小尺度是小城镇建设中与人的尺度相呼应的尺度关系。应该明确的是，小尺度并不是要取消现代化的交通工具，而是要借助街区空间的细致划分，在一定程度上产生更为细腻的城镇肌理，塑造更为丰富的城市空间类型。这一过程必须强调政府和开发商的共同努力。通常情况下，开发商追求利益的目标往往使得他们更加愿意在控制性详细规划的范围内，追求纵向的建筑设计，或者大体块的建筑临街面。这对于小城镇传统横向发展的水平体系而言无疑是一种“质”的破坏，整体的空间横向发展脉络很容易就在这样的开发建设过程中被割裂的七零八散。因此，小尺度的导则引导可以有效地从总体层面控制小城镇整体的城镇肌理发展态势和由此而产生的三维空间形象，有效地解决控制性详细规划层面缺失的内容。

# 第五章　小城镇空间形态的总体规划设计案例

传统的小城镇空间形态控制策略更加注重小城镇空间形态的形式与规模是否符合某种特定的理论形式，这种类型的小城镇空间形态规划从方案调研、分析、规划设计到实施建设措施，更加受制于从外部影响力要素来控制总体的城镇空间发展方向，以期适应新时代背景下小城镇空间形式发展的需要。此种做法尽管有助于迅速满足新型城镇化发展的需要，以及小城镇短期生产力发展的需要，但从可持续和长久的发展来看，外力的控制不能从根本上成为诱发小城镇内部的生态系统进化的直接动力，一旦外力作用突然撤离，或者外力作用的强度减弱，势必对已经规划或者逐渐形成的城镇空间结构造成创伤性的打击。因此，由内而外、内外兼备的双力引导，诱发小城镇自身遗传系统中的动力机制，才能真正做到对小城镇空间形态控制的有效策略，而不必在实际操作中拘泥于某种特定空间形态控制理论和原则。镇平县遮山镇总体规划方案即是在这一指导思想下进行的小城镇总体空间的规划设计。

## 一、基于社会、经济要素的背景分析

### (一)遮山镇面临的新的经济发展时期

#### 1. 宏观经济背景

(1)中原经济区建设

遮山镇所处的中原经济区是国家发展和改革委员会颁布的《全国主体功能区规划》(国发[2010]46 号)所确定的 18 个重点开发区域之一，同时被正式纳入国家“十二五”规划纲要，未来将重点建设全国“三化”(工业化、城镇化和农业现代化)协调发展示范区。

河南省委、省政府对南阳在中原经济区建设中的战略地位高度重视，2011 年初专门下发了《关于支持南阳市经济社会加快发展的若干意见》的 9

号文件，明确提出建设南阳的“创建河南省高效生态经济示范区；培育豫鄂陕省际区域性中心城市；建设新能源、光电和重大装备制造基地；打造豫鄂陕结合部综合交通枢纽”的战略任务；并提出支持南阳市承接产业转移，围绕中心城区建设邓州、唐河、镇平、新野等环市承接产业转移示范区。

南阳是“中原经济区建设的主体区、对接周边的先锋区和联南启西的重要桥梁”。

(2)河南省关于“产业集聚区建设”

为快速推进工业化、城镇化，促进经济社会的健康快速发展，2010年，河南省住房和城乡建设厅下发了豫建规第23号文件《关于加快推进产业集聚区规划建设工作的通知》，提出建立加快产业集聚区建设、促进产城联动发展的省市联动工作机制。

河南省提出大力发展产业集聚区，把产业集聚区作为优化经济结构、转变发展方式、实现集约化发展的基础工程。提出要积极承接国际国内产业转移，着力引进一批关联度高、辐射力大、带动力强的龙头型、基础型大项目，不断完善产业链条，促进上下流企业共同发展。

(3)中心城市组团式发展

2011年，河南省委、省政府为促进城市布局和形态优化、加快城镇化进程，提出“促进中心城市组团式发展”的重大决策。《中共河南省委河南省人民政府关于促进中心城市组团式发展的指导意见》(豫发〔2011〕11号)明确指出，中心城市组团是指距离省辖市中心城区30公里左右，空间相对独立、基本服务功能完善、与中心城区分工合理、联系密切的城区，包括中心城区周边基础较好的县城、县级市市区和符合条件的特定功能区。

(4)新型农村社区建设

改革开放以来，中央政府非常重视农村问题，先后制定出台了关于“三农”问题的8个“一号文件”，特别是2006年2月第八个“一号文件”——《中共中央国务院关于推进社会主义新农村建设的若干意见》提出按照“生产发展、生活宽裕、乡风文明、村容整洁、管理民主”的社会主义新农村目标的要求，协调推进农村经济建设、政治建设、文化建设、社会建设和党的建设。

为加快社会主义新农村建设，河南省于2012年初提出要建设新型农村社区，并制订了新型农村社区建设的相关标准。

### 2. 政策发展背景

镇平县被确定为集中连片扶贫攻坚重点县、省文化改革发展试验区，并纳入南阳半小时城市圈内，经济发展进入黄金机遇期。

镇平县2012年政府工作报告中提出要加快"一区两园"建设，以县"一区两园"为主要平台，围绕主导产业抓好骨干项目招商、龙头企业培育和基础设施配套，提升集聚区综合实力和承载能力。

"一区两园"中的"一区"指镇平县产业集聚区，"两园"指食品药品工业园和温州机电产业园。其中"温州机电产业园"(即循环经济产业园)在遮山境内，位于镇域东部，与规划的镇区建设用地相临(在镇域规划中命名为"循环经济产业园")。

3. 空间发展背景

(1)2011年9月，镇平县委、县政府下发了关于《促进镇平东部经济跨越发展战略规划》，指出以遮山镇为重点的镇平县东部区域，受南阳市中心城区辐射带动，逐步成为实现跨越发展的重要区域，主动融入南阳市中心城区半小时经济圈，建设环市承接产业转移示范区。《战略规划》中对遮山镇作了明确的发展定位为：先进制造业生产基地示范区、现代服务业先导区、城乡一体化的试验区、南阳西郊中心花园。并明确了遮山镇重点发展以机电产业为主的先进制造业，建设以物流、汽车贸易、旅游业为主的承接城市部分功能的城市功能区。遮山镇地位得到前所未有的提高和重视。

(2)镇平县被确定为国家文化产业示范县，提出按照"五点一环"(指遮山镇、老庄镇、二龙乡、石佛寺镇、镇平县城等五点所连成的环线)的开发格局，大力发展全县旅游业，争创河南省旅游强县。

4. 重大项目的建设背景

目前，张仲景养生城规划已获批准，正在投入建设；循环经济产业园一期工程正在进行基础设施建设阶段；山地森林公园生态旅游休闲区规划正在审请批准。另外，五扇门商品城、美泉康桥休闲区以及汽车文化主题公园等项目正在论证中。这些重大项目的建设将极大地促进遮山镇的经济发展，同时也需要在新一轮的总体规划中统筹考虑与落实。

**(二)尊重小城镇发展历程的延续性**

上一版总体规划于2006年编制，规划编制年限为：近期2006年—2010年，远期2011年—2020年。镇区规划确定性质为：遮山镇的政治、经济、文化中心；以农副产品加工为主题，以生态农业旅游为起点，是镇平县东部重要的经济发展区。规划镇区人口规模为近期0.6万人，建设用地72公顷，远期1.0万人，建设用地105公顷。镇域采用中心集镇、中心村、基层村三级结构体系，集镇为一级中心，规划4个行政村为中心村，作为二级中心，自然村作为基层村，是三级中心。

上一版总体规划有效地引导了城镇的发展建设，城镇主要沿312国道、遮彭公路两侧集中发展，主要进行基础设施建设，完善镇区服务功能。

随着遮山镇重大项目的建设以及镇平县的政策扶持与大力支持，遮山镇将逐渐成为县域东部新的经济增长点。遮山的内外发展环境发生了巨大的变化，正面临新的发展机遇，而且上版规划已不能适应建设发展的需要。为快速适应国内外新形势和新条件，迫切需要对上版规划实施修编。

### （三）适应新时期空间发展的必要性

随着循环经济产业园、张仲景养生城、山地森林旅游等项目的启动与建设，遮山镇将形成国内先进的循环经济产业基地，以承接长三角、珠三角以及南阳市区的产业转移为主，建设成为集机电设备制造、高科技研发、生态观光为一体的城镇。目前，遮山镇的循环经济产业处于启动阶段，产业的快速发展将对城镇的发展格局、结构形态产生重大的影响，甚至会在全国、全省形成具有一定影响力的特色产业集群。循环经济产业的发展建设将会促进和催化相关联的第三产业的发展，从而影响到遮山产业结构的调整，对城镇的用地布局提出新的要求。此时此刻，遮山镇处于小城镇发展的关键时期，在新的发展背景下，遮山镇原有的总体规划已不能有效引导城镇的建设，亟需新一版的总体规划的出台。

## 二、镇域概况

### （一）现状概况

#### 1. 地理区位

遮山镇位于镇平县域东部。西距镇平县城11公里、柳泉铺镇区1公里，东到南阳市区23公里。遮山镇东隔潦河与卧龙区王村乡相望，南与彭营乡相邻，西南界安子营镇，西北与柳泉铺镇接壤。全镇南北长10.7公里，东西宽11.4公里，镇域总面积68.89平方公里。

#### 2. 交通区位

遮山镇对外交通较为便利。宁西铁路（西安至南京）紧靠镇政府北侧，东西贯穿镇域，在镇平县城北部设有火车站，并在与遮山镇紧临的王村乡设有南阳最大的编组站，且宁西铁路正在进行复线建设；二广高速（二连浩特至广州高速)从镇域东部南北穿过,向南与沪陕高速相接,且二广高速公路在遮山镇设有一出入口——遮山站,距离现遮山镇区4.5公里;沪陕高速(上海至武威高速)从镇域南部东西穿过;G312在镇域北部、宁西铁路南侧东西向穿过;遮彭公路(遮山镇至彭营乡公路)南北向纵穿全境。另外,遮山镇距离南阳机场仅40分钟路程。

### (二)自然条件与资源

#### 1. 气候

遮山镇地处北亚热带向暖温带过渡地区,属北亚热带季风型大陆气候,四季分明,气候温和。

(1)气温

年平均气温15.2℃,年际变化较为稳定。历年月平均气温最低1.4℃,最高28.0℃。最冷月为一月,最热月为七月。

(2)湿度

境内6至9月湿润系数大于1,属于温湿期,为土壤层储蓄水份时期。其他月份为失去水份时期。年平均相对湿度为75%。

(3)风向

受季风环流影响,风向随季节变化明显,冬季多北风,夏季多南风。主导风向为东北风。

(4)风速

常年平均风速为2.9米/秒。季度平均风速,春季最大(3.17米/秒),秋季最小(2.7米/秒),年最大风速为20米/秒。

(5)降雨

年平均降水量600～700毫米。降雨量在季节性分配上不平衡,4—9月降水689.2毫米,占全年的75.7%。而7月份降水最多,1月份降水最少。

(6)日照

年日照总时数平均为2187.8小时,年平均太阳总辐射量116.56千卡/平方厘米。最多年日照时数2224小时,最少年日照时数1841小时。

(7)无霜期

全年无霜期230天。初霜发生较晚,一般在11月上旬来临,终霜出现较早,一般在3月中旬。对作物生长影响不大。

2. 地形地貌

遮山镇境内有遮山、东鳌山、西鳌山、长溜山，岗、丘连绵，沟深坡陡，有“非岗即沟“之称。其中较大的山为遮山，海拔 360.5 米。境内地势中间高东西低。山地占 20%，丘陵占 60%，平原占 20%。遮山镇素有“山上是银行，山下是粮仓”的称号。

3. 工程地质

遮山不属地震裂度带。根据地质勘探部门提供，一般土壤承载力在 1.2～1.5 kN/m$^2$。据《河南省地震烈度区划图》及《河南地震危险区别图》标注，地震基本烈度在 6 度左右。

4. 水文及水文地质

遮山境内主要河流是潦河。境内流程 10 公里，潦河河宽 80 米左右。遮山镇与王村乡以潦河为界，遮山镇地势较王村高。境内水库较多：有下小湾寺水库、白沟水库、(大、小)韩沟水库、大营水库等 6 个座小型二类水库，蓄水量 179.8 万立方米。

镇境内有白桐二支渠和白桐二分支渠。其中：白桐二支渠境内长度 8.1 公里，宽 3 米，主要服务马营和苏庄等 2 个行政村，灌溉面积 554 公顷；白桐二分支渠境内长度 4 公里，宽 1.4 米，主要服务孔营、铁匠庄、倒座堂、韩沟、白沟和陈沟等 6 行政村，灌溉面积 1955 公顷。

另外，镇境内有机井 154 眼，其中：工业用机井 14 眼，城镇生活用机井 5 眼，乡村生活用机井(水塔)12 眼，农业灌溉用机井 123 眼(主要服务苏庄、马营、张湾、钟起营、孔营等行政村)，基本满足不了现状需求。水利工程年供水量 153 万立方米左右。

遮山镇内地下水储量大，属浅层地下水。一般地区地下水位在 15—30 米，局部地区 35—60 米。特别是镇境内东北部临潦河地段水位较浅，地下水资源丰富。

5. 土壤植被

土质多为黄棕壤，少部系砂礓黑土和潮土，土壤肥沃，物产丰富。

6. 资源条件

(1)矿产资源

遮山镇中南部区域地处山区，有丰富优质的石材，可作为建筑用材料。

过去，遮山镇主要靠开采石材增收，对山体进行了大规模的破坏活动。近年来，考虑到山体破坏带来的一系列严重影响，政府采取禁止开山采石的措施对当地自然资源进行保护。

镇境内还有膨润土等资源。

(2)土地及其他资源

遮山镇辖区总面积68.89平方公里。其中：农业用地43.70平方公里，占63.44%；林业用地12.76平方公里，占18.52%；城镇建设用地0.78平方公里，占1.13%；村庄建设用地5.46平方公里，占7.93%；独立工矿区0.84平方公里，占1.22%；水域及其他3.17平方公里，占4.60%。

遮山镇总耕地面积41290.6亩，人均耕地1.1亩。

(3)生物资源

遮山的山区拥有丰富的动植物资源。

植物共计有乔木120多种，灌木20多种。主要的树种有杨、泡桐等，林副产品主要有板栗、桃、梨、柿子、苹果、山楂、枣、杏等。另外，遮山镇境内的天然中药材有40多种。

遮山镇的畜牧养殖业也有一定的规模。

(4)地热资源

遮山镇的地热资源丰富。根据《河南省南阳市地热资源概况及开发利用建议》，镇境内地热资源分为四个热储层(组)，水温分别为22℃～28℃、30℃～40℃、40℃～90℃，分别适合饮用天然矿泉水和饮料、果汁白酒的水基利用，医疗、洗浴、温室、游泳池等康体养生利用和采暖、制冷、空调、恒温恒湿的热能利用。

(5)旅游资源

遮山镇有一处佛教圣地——鏊园寺，位于镇区南部，占地500亩，是广大信众的佛教生活圣地。

(6)文物古迹

镇域有县级文物保护单位1处，为中心岗汉墓群。

### (三)历史沿革

遮山镇清光绪年间(1875—1908年)属崇圣观地方。1930年分属镇平县第二、第三区。1940年10月分属杏山乡、彭营镇。1948年5月分属大榆树区、彭营区。1958年分属柳泉铺和彭营人民公社。1975年7月从柳泉铺人民公社析出6个大队，从彭营人民公社析出4个大队，组建遮山人民公社。1983年社改乡，1996年撤乡建镇至今，以境内遮山著名得称。

## (四)行政区划

遮山镇辖17个行政村,91个自然村,178个村民小组。17个行政村分别为:张湾、罗庄、马营、苏庄、朱岗、钟其营、夏庄、铁匠庄、孔营、倒座堂、韩沟、陈沟、白沟、陈善岗、王沟、东魏营、东杨庄等。

镇域内有一处独立工矿用地——南阳石油二机厂旧厂区,现已废弃不用,一些中小企业在旧厂区内租赁建厂。

截至2011年底,镇域总人口37513人,总户数9760户(见表5-1)。其中乡村人口33127人。乡村劳动力资源17193人,占镇域总人口的45.8%。

**表5-1　2011年遮山镇各行政村基本情况统计表(不含镇区)**

| 村名 | 村民组数(个) | 总户数(户) | 总人口(人) | 乡村劳动力资源数 | 乡村从业人员数 | 耕地面积(亩) | 农作物播种面积(亩) |
|---|---|---|---|---|---|---|---|
| 张湾 | 5 | 304 | 1255 | 648 | 525 | 1160 | 3043 |
| 罗庄 | 7 | 481 | 1899 | 979 | 858 | 2020 | 4109 |
| 马营 | 10 | 459 | 1851 | 1015 | 883 | 2186.3 | 4539 |
| 苏庄 | 20 | 753 | 3037 | 1515 | 1372 | 4348 | 7771 |
| 朱岗 | 14 | 731 | 3011 | 1367 | 1265 | 3027.9 | 6362 |
| 钟其营 | 11 | 434 | 1714 | 928 | 815 | 1870 | 4212 |
| 夏庄 | 19 | 780 | 3103 | 1491 | 1387 | 3722.2 | 6103 |
| 铁匠庄 | 12 | 424 | 1671 | 1021 | 918 | 2452 | 4810 |
| 孔营 | 13 | 431 | 1850 | 1011 | 877 | 2654 | 5013 |
| 倒座堂 | 7 | 352 | 1421 | 784 | 681 | 1729 | 3655 |
| 韩沟 | 10 | 610 | 2470 | 1318 | 1053 | 2962 | 5415 |
| 陈沟 | 5 | 311 | 1190 | 693 | 580 | 1507.3 | 3302 |
| 白沟 | 12 | 374 | 1555 | 748 | 646 | 2930.3 | 4257 |
| 陈善岗 | 13 | 552 | 2333 | 1179 | 1058 | 3785.9 | 6894 |
| 王沟 | 5 | 304 | 1195 | 669 | 543 | 1589 | 3723 |
| 东魏营 | 10 | 546 | 2297 | 1132 | 1012 | 2894 | 5301 |
| 东杨庄 | 5 | 318 | 1275 | 695 | 574 | 452.7 | 2941 |
| 合计 | 178 | 8164 | 33127 | 17193 | 15047 | 41290.6 | 81450 |

### (五)社会经济发展现状

#### 1. 人口

截止 2011 年底,遮山镇域总人口 37513 人,总户数 9760 户(见图 5-1),人口密度 545 人/平方公里,低于镇平县 706 人/平方公里的平均人口密度。其中:非农业人口 1763 人,占总人口的 4.7%,远低于河南省平均水平。镇域乡村劳动力资源数 17193 人(见表 5-2),占全镇总人口的 45.8%。全镇男女性别比为 112∶100。

全镇共有耕地面积 4.13 万亩,人均耕地面积 1.1 亩,高于目前国家 1.0 亩/人的平均水平,低于镇平县的 1.2 亩/人的平均水平。

由此可以看出:该区域相比整个镇平县域来说,人口密度相对较小。由于遮山镇中南部有山体,人口的空间分布基本围绕山体外围。

表 5-2　遮山镇历年人口情况统计表

| 年份 | 年末总户数(户) | 年末总人口(人) | 其中:非农业人口数 | 农业人口数 | 男 | 女 |
|---|---|---|---|---|---|---|
| 2005 | 9631 | 33571 | 1783 | 31788 | 17647 | 15924 |
| 2006 | 9568 | 34120 | 1784 | 32336 | 18034 | 16086 |
| 2007 | 9611 | 34769 | 1798 | 32336 | 18458 | 16311 |
| 2008 | 9604 | 35445 | 1787 | 33658 | 18790 | 16655 |
| 2009 | 9601 | 36059 | 1767 | 34292 | 19108 | 16951 |
| 2010 | 9577 | 36786 | 1752 | 35034 | 19475 | 17311 |
| 2011 | 9760 | 37513 | 1763 | 35750 | 19842 | 17671 |

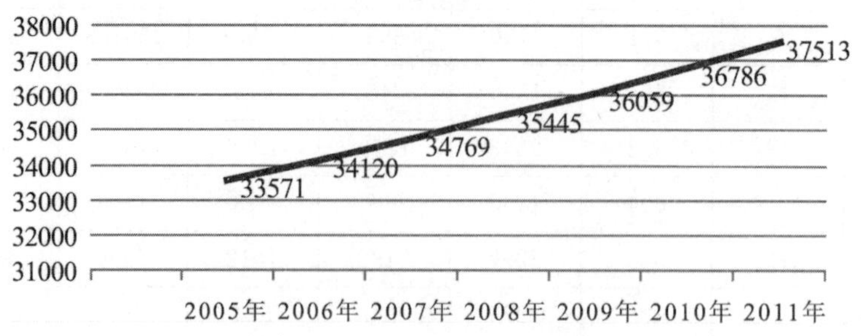


图 5-1　遮山镇年末总人口线性图

表 5-3　遮山镇历年人口变化情况统计表

| 年份 | 年末总人口(人) | 出生人口 | 死亡人口 | 迁入人口 | 迁出人口 | 机械增长数量(人) |
|---|---|---|---|---|---|---|
| 2005 | 33571 | 621 | 70 | 234 | 1157 | －923 |
| 2006 | 34120 | 541 | 208 | 558 | 342 | 216 |
| 2007 | 34769 | 560 | 178 | 526 | 259 | 267 |
| 2008 | 35445 | 829 | 202 | 115 | 66 | 49 |
| 2009 | 36059 | 603 | 157 | 311 | 143 | 168 |
| 2010 | 36786 | 665 | 199 | 467 | 206 | 261 |

由表 5-3 看出：自 2005 年以来，遮山镇总人口呈现出缓慢的上升趋势。镇域人口的自然增长率一般在 9—13‰之间，年均增长 12.81‰，遮山镇处于高出生低死亡的状态。遮山镇每年迁出人口 100—350 人，迁入人口在 100—600 人之间，镇域的人口迁入略大于迁出，每年约迁入遮山镇人口在 200 人左右，机械增长为正值。

据统计，遮山镇近年常年外出务工人员在 4000 人以上。

2. 经济

多年来，遮山镇的经济呈现缓慢的增长势头。由表 5-4 和图 5-2 可看出：2010 年，遮山镇实现地区生产总值 45346 万元，同比增长 9.26%。其中农业生产总值 13761 万元，同比增长 8.18%。全社会固定资产投资完成 31157 万元，同比增长 23.95%。财政收入完成 243.5 万元，同比增长 3.84%。农民人均纯收入 5924 元，比 2009 年净增 703 元，增长 13.46%。

表 5-4　遮山镇历年主要经济完成情况表

| 年份 | 地区生产总值(万元) | 农业生产总值(万元) | 全社会固定资产投资完成额(万元) | 农民人均纯收入(元) | 财政收入(万元) |
|---|---|---|---|---|---|
| 2005 | 39929 | 11242 | 9560 | 3078 | 131 |
| 2006 | 43812 | 12074 | 11875 | 3570 | 306.9 |
| 2007 | 48857 | 10748 | 16175 | 4179 | 187.7 |
| 2008 | 51125 | 12025 | 20483 | 4879 | 177.4 |
| 2009 | 41503 | 12721 | 25136 | 5221 | 234.5 |
| 2010 | 45346 | 13761 | 31157 | 5924 | 243.5 |

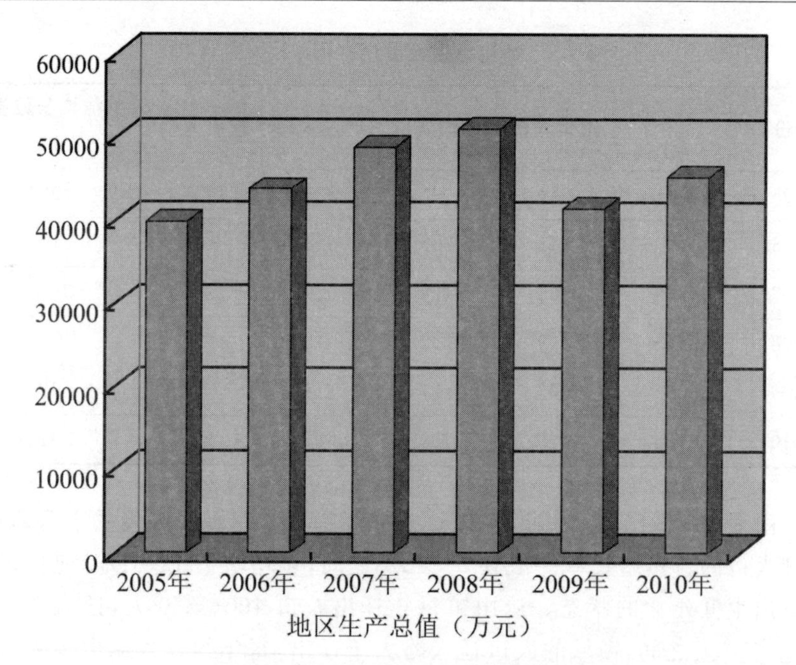


图 5-2 遮山镇地区生产总值柱状图

3. 产业结构

从整体产业结构来看，遮山镇的第一产业占有很大的比重。第一产业中，以农业种植为主，林业、畜牧业也占有一部分比重。遮山镇工业企业数量较少，使得第二产业发展优势不明显。第三产业主要集中在镇区，主体是一些个体商户，数量多，规模小，经营的主要是满足镇区居民日常基本生活需求的商品。

(1)第一产业

2010 年，遮山镇完成农业生产总值 13761 万元，同比增长 8.18%。农作物播种面积 5237 公顷，其中粮食作物播种面积 3716 公顷。粮食总产量 18914 吨，油料作物产量 2380 吨。

农业一直是遮山镇的基础产业。遮山镇的农业生产以传统农业种植为主，主要是粮食作物和经济作物，包括玉米、小麦、棉花、花生、烟叶、辣椒等，还有部分林果、药材等。此外，林业、畜牧业和渔业也占有一定比例。

近年来，在镇政府的重视引导下，遮山镇的特色农业发展迅速，形成了以烟叶和畜牧业为支柱的特色农业生产。2010 年，两大支柱产业值占农业总产值比重达 30%。2011 年，全镇落实烟叶面积 3200 余亩，实现税收 145.15 万元。畜牧养殖业主要以黄牛、猪、羊、家禽、兔为主，特别是黄牛饲养量大，品优质高。目前，已形成了 12 个养殖专业村，43 个养殖场，有养殖专业户 466 个，遮山镇的畜牧养殖业位居镇平县前列。

林果主要有经济林、柿子树、板栗、核桃以及小杂果。主要分布在镇区南部的大溜山以及 312 国道两侧。2011 年，全镇造林面积 1320 亩，植树 7.9 万株，完成了灭荒造林、退耕还林、速生杨造林等。

(2)第二产业

截止 2011 年底，遮山镇共完成非公有制经济增加值 19257 万元，完成非公有制经济收入 66602 万元，完成规模以上非公有制企业 6 个。

镇域内主要工业企业有中联水泥厂、华光树脂有限公司、乾隆门业有限公司、宏达石材厂、宏泰保温建材有限公司等。大部分工业企业主要位于石油二厂旧厂区内。

2011 年，在镇政府的积极引导和大力支持下，吸引投资项目 9 个。一是年产 500 万千瓦高效节能电机项目：位于温州循环经济产业园内，由南阳温商投资管理有限公司投资 53000 万元兴建，目前正在建设。二是南阳危险废物处置中心二期——工业危废处理项目：位于韩沟行政村内，由南阳康卫环保(集团)公司投资 1.78 亿元兴建，目前设备已安装，正在调试阶段。南阳危险废物处置中心是于 2003 年开始投资建设，是南阳市的一个环保项目，属河南省重点项目，占地面积 148 亩，包括焚烧车间、物化处理车间、稳定化固化车间、安全填埋场和综合利用车间等。填埋场库容 50 万立方米，日处理危险废物 145 吨。主要负责南阳市及周边地区的危险废物收集处置。三是再生铝、再生铜生产线项目：位于遮山镇二机厂内，由南阳温商投资管理有限公司投资 4000 余万元兴建，现已竣工投产，运营状态良好。四是舒桦手袋厂：位于二机厂内，由台湾商人投资 150 余万元兴建，现已投入运营，实现就业 80 余人。五是老梁锻造厂：该项目总投资 220 万元，主要产品为车用钢圈，目前产品供不应求。六是海军钢砂厂：位于二机厂内，该项目总投资 180 余万元，目前基础设施已完工。七是特种设备制造项目：位于二机厂内，由南阳九环科技有限公司投资 500 余万元兴建，现已投产。八是养乐畜牧设备制造项目：位于遮山镇中心岗，总投资 350 万元兴建，目前正在安装设备。九是镇平县金贵清真食品有限公司：位于遮山镇区内，总投资 5000 余万元，该公司集养殖、生熟清真食品加工冷藏为一体，目前正在进行基础设施建设。

(3)第三产业

近年来，由于镇平县委县政府对遮山镇重视以及大力扶持，使得遮山镇的经济发展加快，从而带动了镇第三产业的发展。特别是镇区的建设，对第三产业产生了很大的促进作用，目前镇区分布有众多的工商户。总体来说，第三产业对遮山的经济贡献还是比较大的。但是，由于遮山处于低消费地区，又濒临镇平县城和南阳市区，阻碍了第三产业的发展，使得第三产业的规模偏小，外向型的服务业比较少。

### (六)对 2006 版总体规划的评价

#### 1.2006 版总体规划要点

2006 年，遮山镇编制了《镇平县遮山镇总体规划》。

规划要点如下。

(1)规划年限：近期 2006—2010 年，远期 2011—2020 年。

(2)规划区范围：包括鳌山以北、倒流河以东、宁西铁路以南区域。

(3)城镇性质：遮山镇的政治、经济、文化中心；以农副产品加工为主题，以生态农业旅游为起点，是镇平县东部重要的经济发展区。

(4)城镇规模：2020 年镇区人口规模 1.0 万人，城镇建设用地规模 1.05 平方公里，人均城镇建设用地 105 平方米/人。

(5)城镇发展方向：考虑到《镇平县域体系规划》将遮山合并到柳泉铺乡，镇区应在近期向北发展，远期向东发展。确定本次规划镇区以现状集镇为界，结合现有路网，向西向北发展。

(6)城镇总体布局：沿 312 国道由西向东规划发展用地，结合周围山体及河流的绿地景观形成自然环境优越的山水田园、绿色生态的城镇。以镇政府周围形成商业行政中心，以金海路与 312 国道交叉以东形成镇区服务中心、以西形成工业生产中心。并通过五横六纵形成规划区的主要道路系统，不仅使居民交通出行方便，而且使规划区各个功能区联系成一个有机的整体。

#### 2. 对 2006 版总体规划实施的评析

(1)2006 版总体规划很好指导了遮山镇的城镇建设，遮山镇的建设现状与总规确定的发展方向基本一致，镇区框架已初步形成，镇区面貌也有一定程度的改观。

(2)从表 5-5 和图 5-3、图 5-4、图 5-5 分别对 2005 年和 2011 年现状建设用地规模的比较可以看出，经过六年的发展，镇区现状建设用地规模发展变化不大，基本上按照 2006 版总规的思路，进行填补性建设，建设速度较缓慢。

**表 5-5　2005 年与 2011 年遮山镇区各类建设用地对比**

| 序号 | 用地名称 | 2005 年用地面积 | 2011 年用地面积 |
|---|---|---|---|
| 1 | 居住用地 | 12.21 | 21.68 |
| 2 | 公共设施用地 | 12.19 | 14.53 |

续表

| 序号 | 用地名称 | 2005 年用地面积 | 2011 年用地面积 |
|---|---|---|---|
| 3 | 生产设施用地 | 25.49 | 27.60 |
| 4 | 仓储用地 | 1.09 | 2.97 |
| 5 | 对外交通用地 | 4.96 | 4.96 |
| 6 | 道路广场用地 | 6.47 | 6.49 |
| 7 | 工程设施用地 | 0.37 | 0.37 |
| 8 | 绿地 | —— | —— |
| 9 | 城市建设用地合计 | 62.78 | 78.60 |

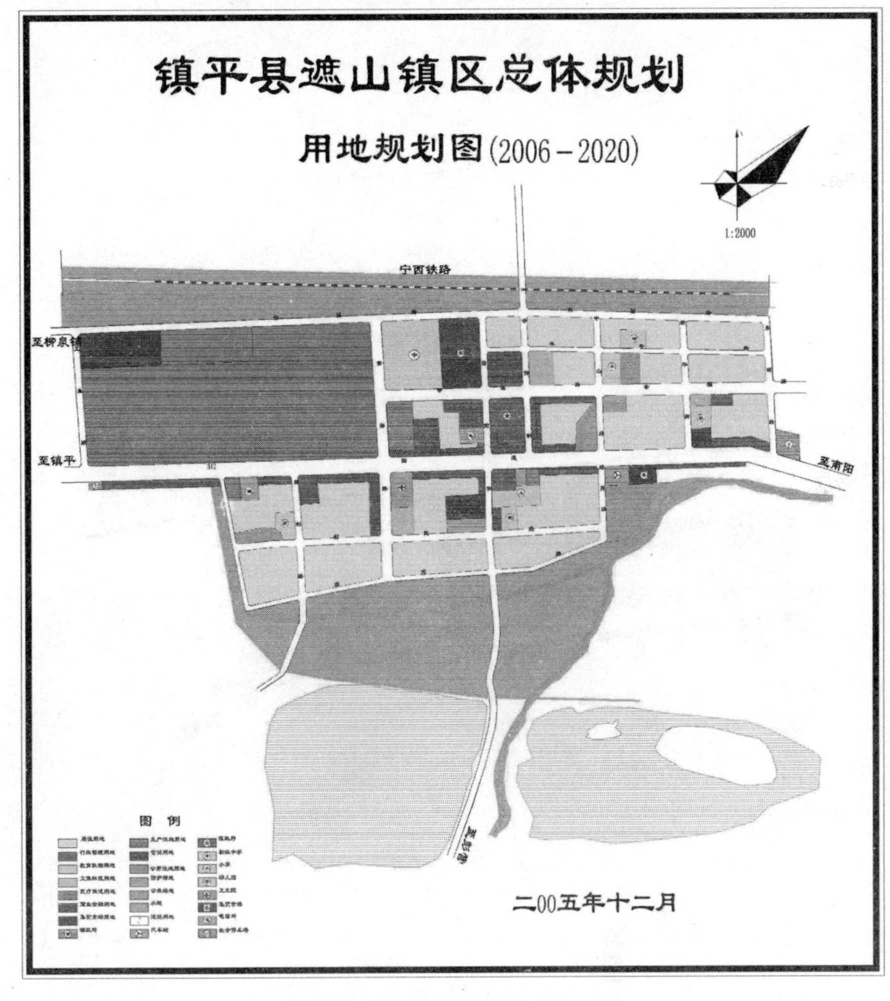


图 5-3　镇平县遮山镇用地规划图

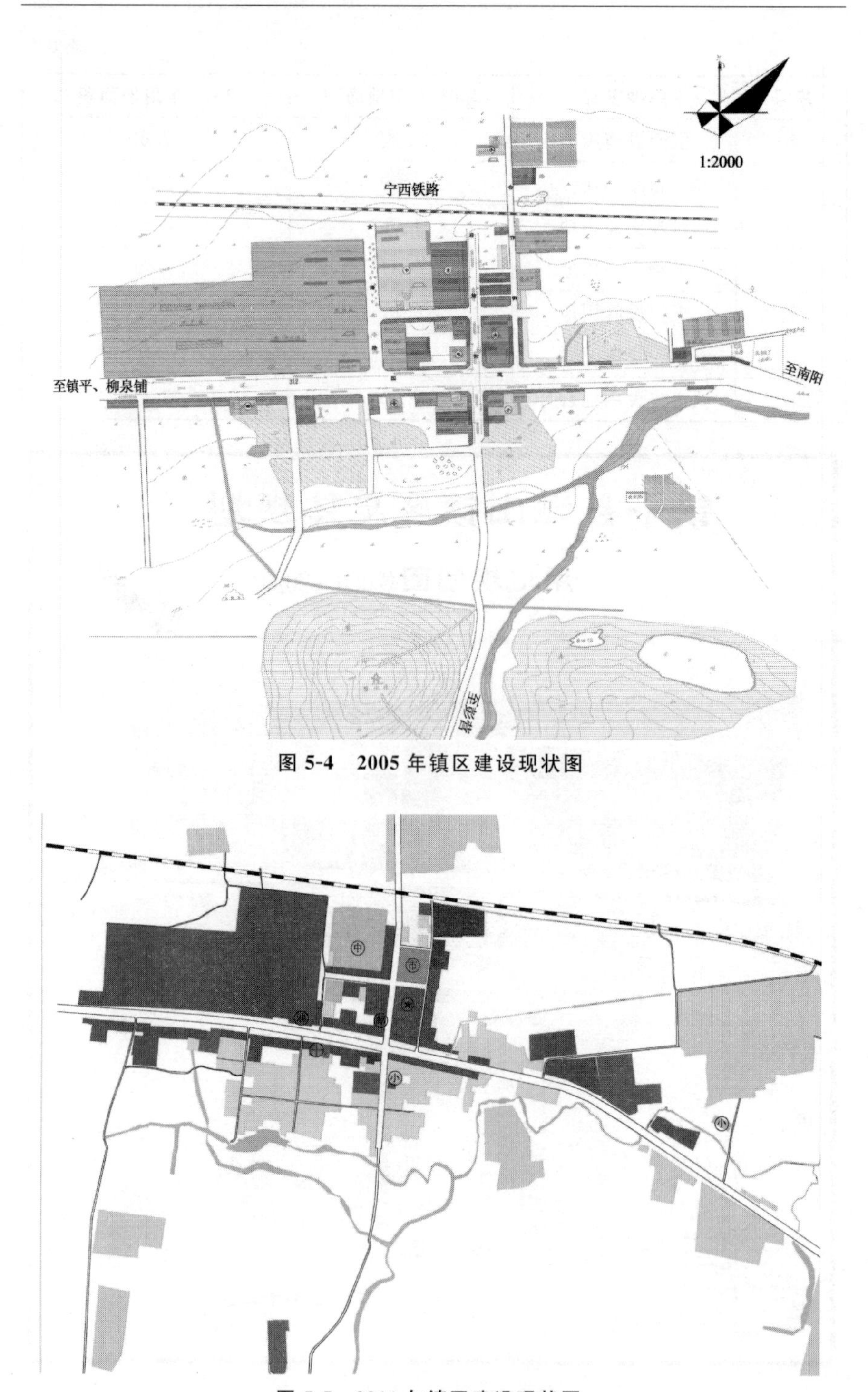


图 5-4　2005 年镇区建设现状图

图 5-5　2011 年镇区建设现状图

## 三、规划总则

### (一)指导思想

1. 区域协调

关注遮山镇与中原经济区发展的关系，与南阳市区、镇平县发展的关系，理清发展思路，制定相应的空间发展策略。

2. 生态优先

适应21世纪城镇建设的需要，突出特色，力求合理配置城镇土地资源，保持良好的生态环境质量，在城镇产业选择、空间布局、基础设施建设等方面给予重点体现。

3. 统筹发展

以科学发展观为指导，突出城市近期、远期和远景的关系，协调和安排城镇建设的开发时序，增加实施的可行性和适用性；协调城镇和乡村的发展，重视乡村地区的社会经济发展。

4. 以人为本

创造良好的城镇形态和有个性、舒适宜人的城镇空间，提供高品质、便捷、优越的人居环境；考虑各方面的利益，通过政府决策者、专业部门、居民的多方参与来确定合理的城镇发展空间。

### (二)规划原则

(1)充分体现规划的前瞻性，解决未来城镇发展中的战略性问题，发挥规划对城镇长远发展与整体发展的引导和控制作用。

(2)遵循“五个统筹”原则，贯彻可持续发展战略，充分珍惜土地，合理布局基础设施和服务设施，实现资源共享和镇域经济社会的协调发展。

(3)充分体现规划的综合性、科学性、政策性，妥善处理近期和远期的关系，把握好发展时序，长远规划，分期建设，逐步实施。

(4)立足可持续发展，切实保护生态环境，充分发挥各类资源的潜力，适度开发，实现经济、社会、环境三大效益的和谐统一。

(5)充分利用地域环境特点，使城镇建设与环境融合，形成并体现自身特色。

(6)立足现实经济技术条件，结合遮山镇的实际条件，使规划具有充分的可操作性。

### (三)规划目标

遵循“五个统筹”的战略思想，推进“城镇现代化、乡村城镇化、城乡一体化”的步伐，以科学发展观为指导，以构建社会主义和谐社会为基本目标，坚持五个统筹，节约和集约利用资源，保护生态环境，因地制宜的确定发展目标与战略，强化城镇的镇域中心地位和服务功能，促进镇域全面协调可持续发展。从遮山镇的实际出发，扬长避短，努力将遮山镇域建设成为生态环境优良、特色产业突出、经济社会协调发展的经济区；将遮山镇区建设成为环境优美、功能健全、布局合理、交通便捷、设施完善、特色鲜明的现代化工贸旅游服务型城镇。

### (四)规划范围

本次规划分为两个层次：镇域和中心镇区(简称镇区)。

镇域规划范围：遮山镇所辖行政管辖范围，面积 68.89 平方公里。

中心镇区规划范围：包括夏庄、钟其营、朱岗、张湾、东杨庄、苏庄、马营、罗庄等 8 个行政村的全部用地，总面积约 34.67 平方公里。

## 四、社会经济发展战略及目标

### (一)区域发展背景分析

*1. 宏观层面——国家层面*

(1)中部崛起战略

温家宝总理在 2005 年的《政府工作报告》中指出：“实施西部大开发，振兴东北地区等老工业基地，促进中部地区崛起，鼓励东部地区加快发展，是从全面建设小康社会，加快现代化建设全局出发而作出的整体战略部署”。中部崛起战略的实施和河南省提出要率先实现中原崛起，并出台一系列加快发展的政策措施，加大对能源、交通、原材料等基础产业的支持力度。

目前，正处于国家区域政策调整时期，“中部崛起”作为一项长远的战略目标被提出并付诸实施。如图 5-6 所示，宁西铁路和沪陕高速是联系我国长三角地区和中西部地区发展的交通大动脉与经济发展的重要轴线。如图5-7所示，镇平县位于宁西铁路线中部，处于南襄城镇群的核心圈层，近可受中原城市群、武汉都市圈和西安都市圈的辐射，远可承接长三角等东部发达地区的产业转移。遮山镇作为镇平县东部经济跨越发展的重点镇，将率先承担起承接长三角等地区产业转移的重任。

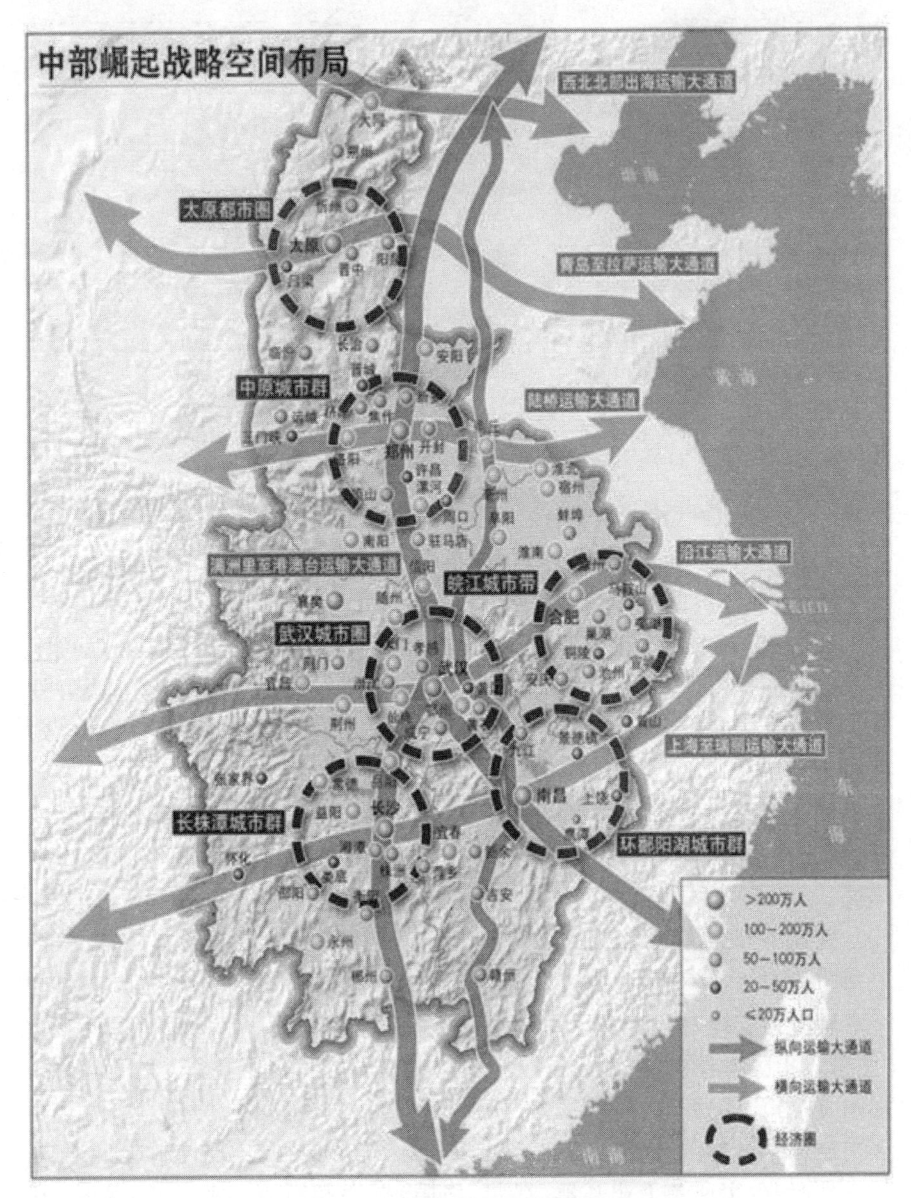


图5-6　中部崛起战略空间布局图

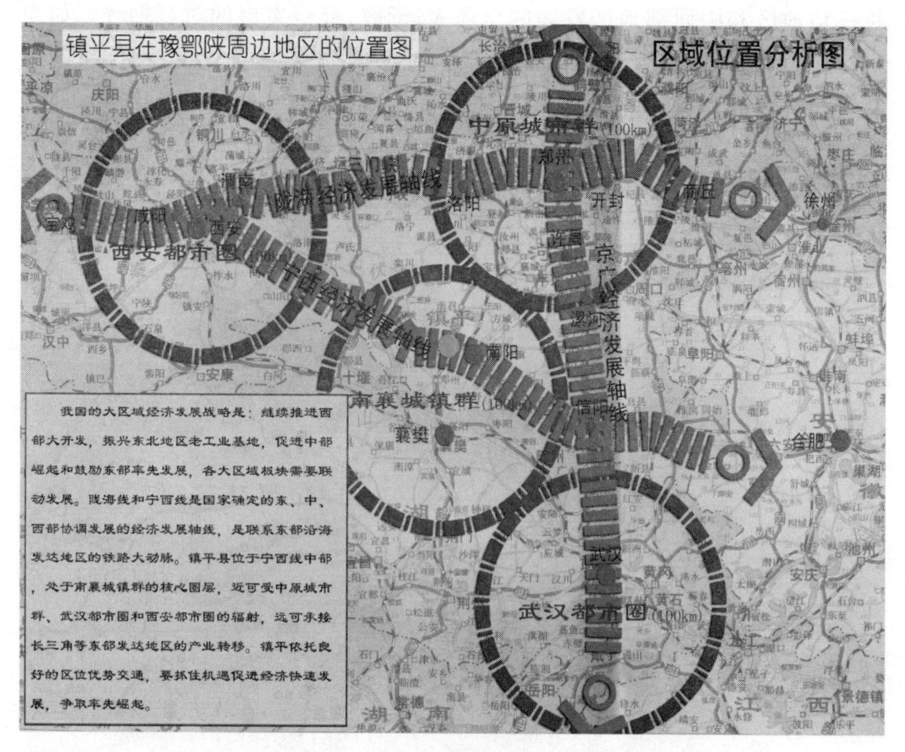


**图 5-7　镇平县区域位置分析图**

(2)中原经济区上升为国家战略

2010 年，国家发展改革委员会颁布了《全国主体功能区规划》，明确了国家层面四类主体功能区的功能定位，中原经济区是确定的 18 个重点开发区域之一。同时中原经济区正式纳入国家“十二五”规划纲要，未来将以中原城市群为依托，重点建设全国“三化”(工业化、城镇化和农业现代化)协调发展示范区。中原经济区的范围包括河南全省、安徽西北部、山东西南部、河北南部和山西东南部，以河南省为重点，南阳市是中原经济区的主体区。

规划中原经济区经济形成“一极、两带、两翼”的发展格局。“一极”：指以郑州为中心，洛阳为副中心，开封、新乡、焦作、许昌、平顶山、漯河、济源七个省辖市为支撑，构建大中小城市相协调，功能明晰、组合有序的城镇体系。“两带”：指陇海经济带(商丘、开封、郑州、洛阳)和京广经济带(安阳、新乡、郑州、许昌)。陇海经济带定位为加强与江苏沿海经济区、长三角和西北地区交流合作，培育形成郑汴洛工业走廊，壮大能源原材料、现代制造业、汽车等支柱产业，实现老工业基地(郑州、洛阳)振兴和新兴工业基地(商丘、开封)崛起；京广经济带则是提高京广通道综合运输能力，大力发展原材料工业、装备制造业、高技术产业和食品工业，形成我国重要的制造业基地，加强与京津冀和武汉城市圈进而和珠三角地区的经济联系，构建沟通南北的经济带。“两翼”：指京广线以西地区和以东地区。京广线以西地区的定位是充分发挥矿产资源优势，建成全国重要的能源原材料基地，以及重要的现代装备制造业及高技术产业基地；京广线以东地区则加强国家粮食生产基地建设，建设现代农业产业体系，积极承接产业转移，培育壮大沿京九经济带，同时跨省区的农村改革综合试验区。

2. 中观层面——省域层面

(1)建设以南阳为中心的豫西南城镇区

《河南省城镇体系规划(2007—2020)》提出“集聚为主，突出重点，轴线扩展，分区实施”的城镇空间发展战略和“一群、五区、两带、四轴”，重点打造以郑州为中心的中原城市群以及以安阳为中心的豫北城镇发展区、以商丘和周口为中心的豫东城镇发展区、以信阳和驻马店为中心的豫南城镇发展区、以三门峡为中心的豫西城镇发展区、以南阳为中心的豫西南城镇区。如图 5-8 所示，南阳是豫西南地区的社会经济、科教文化和行政管理中心。

图 5-8　河南省城镇体系规划图

(2)河南省出台支持南阳加快发展的9号文件

河南省委、省政府对南阳在中原经济区建设中的战略地位高度重视,明确提出南阳是"中原经济区建设的主体区、对接周边的先锋区和联南启西的重要桥梁"。基于此,2011年初河南省政府专门下发支持南阳加快发展的9号文件,将南阳今后的发展定位为:培育豫鄂陕省际区域性中心城市,构建中原经济区的重要区域增长极,打造豫鄂陕接合部综合交通枢纽,建设新能源、光电和重大装备制造基地,创建河南省高效生态经济示范区。借力南阳市中原经济区主体区建设,是遮山镇实现自身跨越式发展的必然选择和重要契机。

3. 微观层面——市县域层面

(1)南阳市区域性中心城市的地位进一步突出

南阳市的综合经济实力在河南省内相对较强。1990年以来,南阳市国民经济发展速度相对较快,高于全国平均发展速度。如图5-9所示,2011年南阳市实现地区生产总值(GDP)2200亿元,仅位于郑州市(4900亿元)和洛阳市(2723亿元)之后,经济发展充满活力。

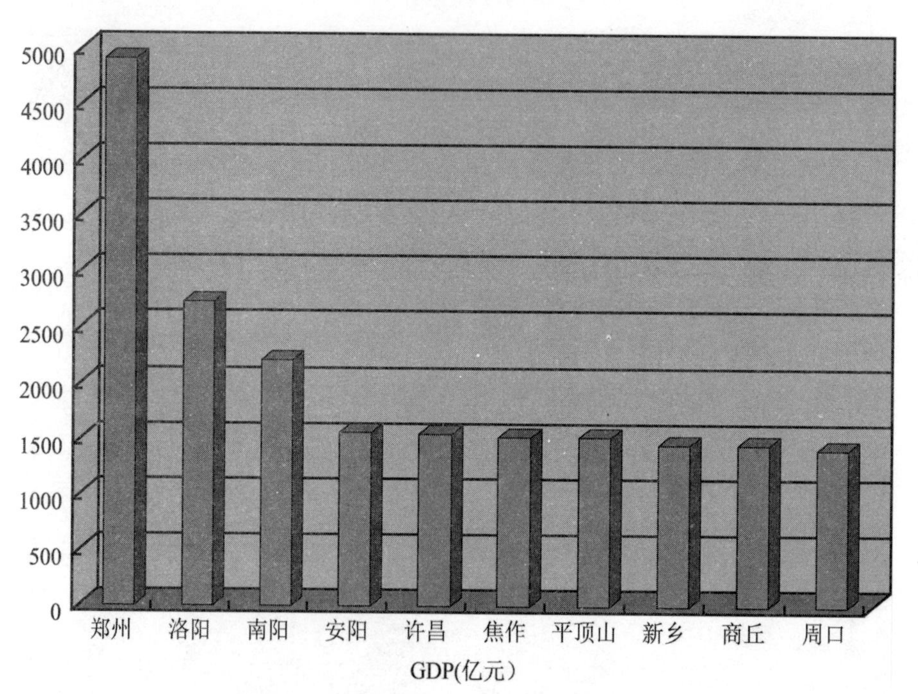


**图5-9 河南省前十位城市GDP比较柱状图**

(2)镇平县在南阳市的综合经济实力地位进一步提高

镇平县综合经济实力在南阳市内呈逐年增强趋势。如图 5-10 所示，1990 年以来，镇平县经济发展十分迅速，综合经济实力显著增强。据《镇平统计年鉴》(1990—2010)，镇平县地区生产总值(GDP)由 1990 年的 6.90 亿元增长到 2010 年的 150.67 亿元，按可比价年均增长率达到了 10%。如图 5-11 所示，2010 年镇平县综合经济实力在南阳市各县(区)中排第 7 位。

镇平县三次产业结构已由 1990 年的 47.2∶34.2∶18.6 演变为 2010 年的 16.7∶56.4∶26.9，第一产业产所占比重大幅度下降，第二、三产业尤其是第二产业提升较快，第二产业的经济地位日益突出，表明镇平县已经开始由农业经济的发展模式转变成为由工业化推动经济增长的模式。

(3)镇平县提出建设“一区两园”的发展战略

镇平县 2012 年政府工作报告中提出要加快“一区两园”建设，以县“一区两园”为主要平台，围绕主导产业抓好骨干项目招商、龙头企业培育和基础设施配套，提升集聚区综合实力和承载能力。

“一区两园”中的“一区”指镇平县产业集聚区，“两园”指食品药品工业园和温州机电产业园。其中“温州机电产业园”(即循环经济产业园)在遮山镇境内，位于镇域东部，宁西铁路与 312 国道之间，与规划的镇区建设用地相临(本次在镇域规划中命名为“循环经济产业园”)。

随着循环经济产业园的建设发展，将给遮山镇的快速发展带来前所未有的动力。

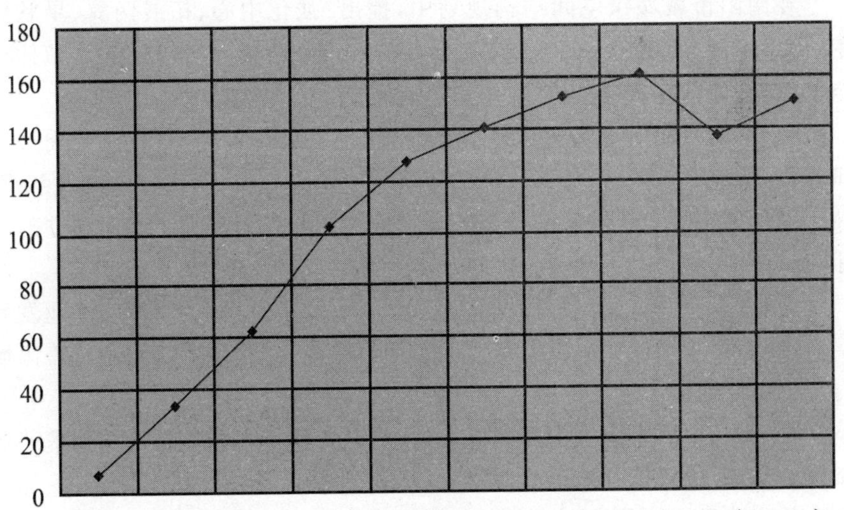


**图 5-10　镇平县 1990 年以来 GDP 增长趋势线性图**

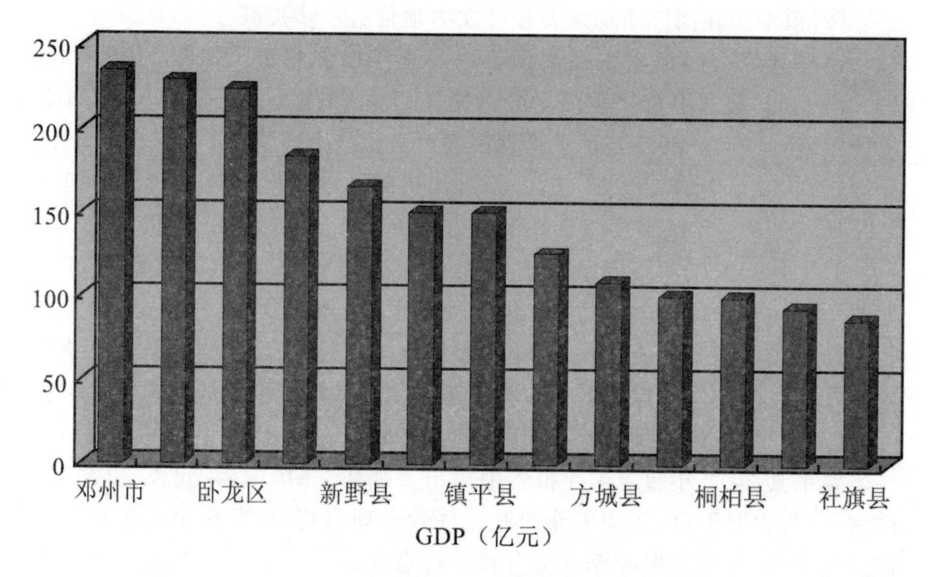


**图 5-11　南阳市各县(区)GDP 比较柱状图**

## (二)城市规划背景

1.《南阳市城市总体规划》(2008—2020)

在南阳市域城镇空间结构规划中，提出“强化中心、拓展两翼、星状放射、网络发展”的城镇空间发展策略，形成“一心、两轴、五板块”的城镇体系空间结构，如图 5-12 所示。

一心：以南阳中心城区为核心，包括镇平、鸭河口、蒲山、官庄等周边城镇在内，形成联系紧密、分工协作的核心城镇圈。方城、唐河、社旗、内乡、邓州、新野、南召等主要城镇围绕核心城镇圈构成联系密切而又相对独立的半小时城镇圈。

两轴：以宁西铁路和焦柳铁路为依托，构建“十字型”的城镇与产业发展复合轴线，作为市域城镇发展与产业布局的主体构架，以及南阳进行跨区域合作的主要通道。

五板块：中部以南阳中心城区为核心，以高新技术和先进适用技术产业集聚为支撑，形成核心城镇圈；南部以邓州为中心，构建轻纺和汽车零部件产业集聚区及城镇载体；东南部以唐河为中心，以食品和油碱化工产业集聚区为先导；西部以内乡为中心，以生态产业为主体；东北部以方城为中心，重点发展清洁能源和冶金建材产业，逐渐形成与国民经济发展和产业集聚相配套的五大城镇板块，积极引导人口与产业同步转移。

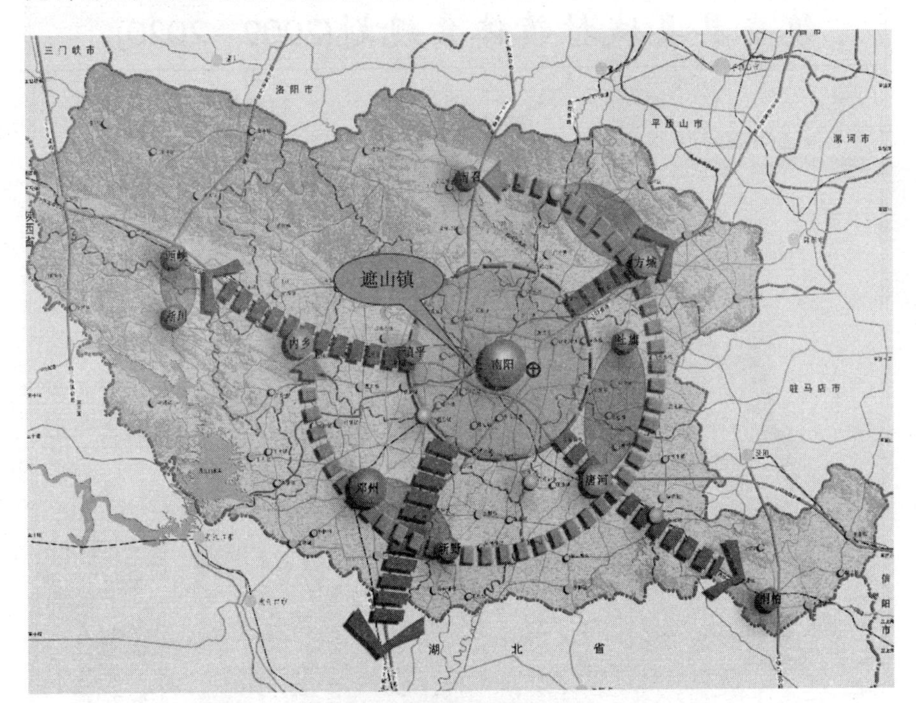


图 5-12　南阳市城市总体规划图

遮山镇处于《南阳市城市总体规划》(2008—2020)中规划的以南阳城区为核心的半小时经济圈内，并且在“十字型”城镇与产业发展复合主轴线的东西向轴线上，并纳入南阳中心城区规划范围内。当南阳中心城区经济发展到一定阶段，部分产业将向郊区转移，遮山镇将凭借便利的交通区位优势成为环南阳市承接产业转移的首选目标。

2.《镇平县域村镇体系规划》(2009—2020)

在县域城镇体系空间等级结构中，规划确定镇平县域将形成“一带两轴三点”的城镇空间格局，如图 5-13 所示。

“一带”：即为县域中部东西向的城镇发展带，以宁西铁路，沪陕高速公路和新老 312 国道为轴线，包括县城、遮山、柳泉铺、晁陂、曲屯以及石佛寺、杨营等 7 个乡镇，形成一条镇平县域经济发展和城镇化水平最高的产业与城镇发展带，是县域经济的核心、重心和龙头。这条带也是南阳市域东西向一级城镇发展轴的重要组成部分。

图 5-13 镇平县县城村镇体系规划图

“两轴”：即为县域中部南北向的 207 国道沿线城镇发展轴和县域南部从彭营集镇到枣园镇区大体与中部城镇带平行的东西向沿县乡公路分布的城镇发展轴。

“三点”：即县域西北部的高丘、卢医镇区和北部的二龙集镇，都有二级公路相连，三个小镇加上老庄中心镇共同成为县域北部丘陵地区经济发展的聚集点。

在县域村镇体系职能规划中，提出将柳泉铺乡与遮山镇合并发展。利用两镇十分便利的交通：宁西铁路、沪陕高速公路、二广高速公路、312国道，二广高速在镇域内的东侧有立交互通口，以及丰富的建材石料资源，成为南阳市郊最大的建材石料供应基地。并利用原石油工业部第二机械厂（三线工厂）的厂区作为集中建设的工业小区。规划期柳泉铺—遮山镇要充分利用地处南阳中心城区和镇平县城之间，并有高速互通口的区位交通优势，大力发展工业经济，发展城郊经济，发展互通口仓储物流。规划2020年两镇区人口达到1.3万人左右。

3.《镇平县城市总体规划》(2008—2020)

镇平县的发展战略定位为：中国玉雕文化中心，特色农业产销基地，东部沿海发达地区产业转移的承接地，承东启西、联南通北的新型工业化城市，如图5-14所示。

城镇体系空间结构：形成“一带两轴三点”的城镇体系空间格局。

“一带”：县域中部以宁西铁路，沪陕高速公路和新老312国道为轴线，包括沿线7个乡镇，形成一条镇平县域产业与城镇发展隆起带，是县域经济和城镇的优先发展带。

“两轴”：县域中部南北向的207国道沿线城镇发展轴和县域南部从彭营集镇到枣园镇区的东西向沿县乡公路分布的城镇发展轴。

“三点”：县域北部的二龙镇区和西北部的高丘、卢医镇区，都有二级公路相连，三个小镇加上老庄中心镇共同成为县域北部丘陵地区经济发展的聚集点。

城镇体系等级规模结构：形成三级结构：即1个中心城区（镇平县城）、4个中心镇（石佛寺、贾宋、侯集、老庄）和11个一般镇（晁陂、柳泉铺—遮山、曲屯、张林、杨营、高丘、卢医、枣园、彭营、安字营、二龙）。

《镇平县城市总体规划》(2008—2020)中提出将柳泉铺—遮山合并发展，至2020年规划人口1.5万人。

遮山镇处于《镇平县域村镇体系规划》与《镇平县城市总体规划》确定的“一带两轴三点”的城镇体系空间格局中的“一带”上。遮山镇这条发展带规划是镇平县域经济发展和城镇化水平最高的产业与城镇发展带，是县域经济的核心、重心和龙头。并且这条发展带也是南阳市域东西向一级城镇发展轴的重要组成部分。

图 5-14 镇平县总体规划图

## (三)周边市县乡镇的发展背景

### 1. 南阳市

2010 年,南阳市总人口达 1100 万人,其中城镇人口 423.5 万人,非农业人口 192.4 万人,中心城区人口 100 万人。

2010 年,南阳全市 GDP 为 1955.84 亿元,人均 GDP 为 17780 元,城镇

化水平达到38.5%。2010年，南阳全市三次产业产值结构比重分别是20.5%、52%和27.5%，第二产业所占比重最大；与全国和河南省平均水平相比，第一产业比重较高，第三产业比重偏低。2010年，南阳全市规模以上工业增加值634.47亿元，增速为22.4%，增长速度较快。

目前，南阳整体上处于工业化中期加速发展阶段。

2010年市域城镇化水平达到38.5%，居全省第13位，滞后于全国与河南省平均发展水平。根据国内外相关研究，当城镇化水平超过30%时，就进入到城镇化加速发展时期，南阳正处于城镇化加速发展阶段。

近几年来，随着南阳市新能源产业聚集区的快速发展，市产业集聚区管委会建立招商引资专项资金，吸引了一大批投资项目欲入驻产业园区。有些项目由于产业园区门槛过高，就会在南阳市中心城区外围选择区位优势好的区域进行投资建设，这给遮山镇带来了很好的发展机遇。

2. 镇平县

自1990年以来，镇平县经济发展十分迅速，综合经济实力得到显著增强：全县地区生产总值由1990年的6.90亿元增长到2010年的150.67亿元，按可比价年均增长率达到了12.0%；地方财政收入也有了较大幅度的增长，由1990年的0.28亿元增长到2010年的3.44亿元，年均增长率为15.8%。县域经济综合实力连续多年一直位居南阳市县区前列。

总体来看，镇平县工业经济发展势头良好。镇平县以地方优势的矿产及其他资源优势为基础，形成了采购、种植、加工、销售等多条龙的产业化发展之路。

镇平县产业集聚区自2003年启动建设以来，已初步形成了以华新地毯、豫龙纺织、新奥针织为代表的针纺织产业；以防爆电机、液压破碎锤为代表的机电制造业，以中联水泥为代表的水泥建材产业，以南阳普康药业、天冠乙醇为代表的医药化工产业等四大优势产业。

镇平县制订了“一区两园”的产业发展规划，遮山镇域东部的循环经济产业园属其中一园，并提出以机电设备制造为主导。这给遮山镇的快速发展带来了动力。

3. 卧龙区王村乡

《南阳市总体规划》(2008—2020)中把王村纳入南阳市中心城区规划建设范围，并确定为南阳“一河两城三片区”中的其中一个片区，规划以交通、仓储物流、洁净工业与配套居住生活区为主，严格控制开发建设类型与规模，保证城市西北部优良的生态环境。

目前，龙升工业园区、物流园区在南阳市西郊的规划建设，使得王村乡的发展非常迅速。王村乡的南阳市中心城区仓储物流园功能区地位日益突显。

4. 柳泉铺镇、安子营镇、彭营乡

柳泉铺镇、安子营镇和彭营乡以传统农业生产为主，与遮山镇具有相似的发展条件，如表 5-6 所示。

**表 5-6　2010 年周边乡镇发展概况表**

| 乡镇名称 | 人口 | 地区生产总值（万元） | 农业产值（万元） | 财政收入（万元） | 农民人均纯收入（元） | 人均粮食产量（公斤） |
|---|---|---|---|---|---|---|
| 遮山镇 | 35120 | 45346 | 13761 | 243.5 | 5924 | 539 |
| 柳泉铺乡 | 37509 | 47565 | 17980 | 247.0 | 6019 | 709 |
| 安子营乡 | 57651 | 67812 | 32640 | 235.2 | 6621 | 657 |
| 彭营乡 | 56639 | 66504 | 23839 | 165.0 | 5957 | 590 |

从遮山镇与周边三个乡镇（柳泉铺乡、安子营乡、彭营乡）的对比中可以发现：遮山镇无论在经济上，还是粮食生产上都比其他乡镇水平低，但遮山镇的交通区位条件却比其他乡镇都优越。随着遮山镇东部经济区域发展核心地位的突显，周边乡镇将为遮山镇提供大量的劳动力资源。

## (四)遮山镇社会经济发展条件分析

1. 经济现状

近年来，遮山镇的经济呈现缓慢增长的势头。由图 5-15 可以看出，2010 年，遮山镇实现地区生产总值 45346 万元，同比增长 9.26%。其中农业生产总值 13761 万元，同比增长 8.18%。全社会固定资产投资完成 31157 万元，同比增长 23.95%。财政收入完成 243.5 万元，同比增长 3.84%。农民人均纯收入 5924 元，比 2009 年净增 703 元，增长 13.46%。

2010 年，遮山镇完成农业生产总值 13761 万元，同比增长 8.18%。农作物播种面积 5237 公顷，其中粮食作物播种面积 3716 公顷，粮食总产量 18914 吨，油料作物产量 2380 吨。遮山镇的农业生产以传统农业种植为主，主要是粮食作物和经济作物，包括玉米、小麦、棉花、花生、烟叶、辣椒等，还有部分林果、药材等。此外，林业、畜牧业和渔业也占有一定比例。近年来，在镇政府的重视引导下，遮山镇的特色农业发展迅速，形成了以烟叶和畜牧业为支柱的特色农业生产。2010 年，两大支柱产业值占农业总产值比重达 30%。畜牧养殖业主要以黄牛、猪、羊、家禽、兔为主，特别是黄牛饲养量大，品优质高。林果主要以经济林、柿子树、板栗、核桃以及小杂果为主。

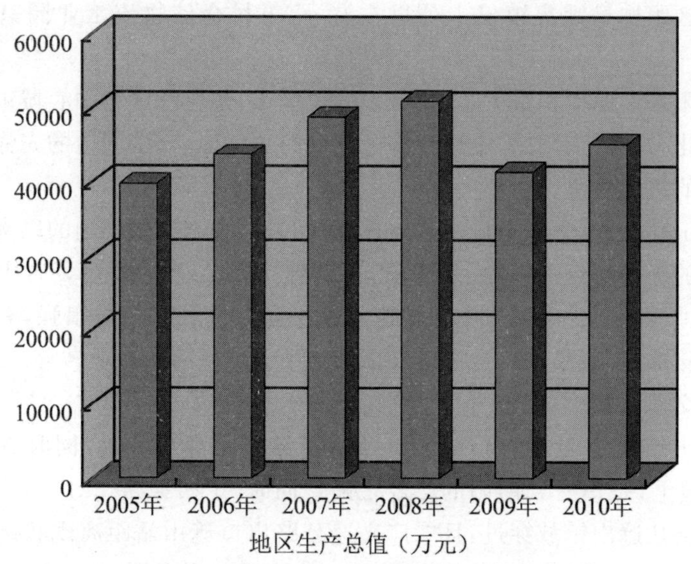


**图 5-15 遮山镇历年地区生产总值柱状图**

截止 2011 年底，遮山镇共完成非公有制经济增加值 19257 万元，完成非公有制经济收入 66602 万元，完成规模以上非公有制企业 6 个。遮山镇主要工业企业有中联水泥厂、华光树脂有限公司、乾隆门业有限公司、宏达石材厂、宏泰保温建材有限公司等。2011 年，吸引投资项目 9 个：年产 500 万千瓦高效节能电机项目、南阳危险废物处置中心二期——工业危废处理项目、再生铝再生铜生产线项目、舒桦手袋厂、老梁锻造厂、海军钢砂厂、特种设备制造项目、养乐畜牧设备制造项目以及金贵清真食品有限公司等。

遮山的第三产业近年来由于镇平县政府对遮山镇的政策扶持而发展特别迅速。目前镇区分布众多的工商户。但是，由于遮山处于低消费地区，又濒临镇平县城和南阳市区，阻碍了第三产业的发展，使得第三产业的规模偏小，外向型的服务业比较少。

从产业总体结构来看，遮山镇的农业占有很大的比重，且以传统农业种植为主，工业企业数量较少，第三产业主要是一些个体商户，数量多，但规模小。

2. 遮山镇发展条件评价

(1)遮山镇发展的有利条件

①区位优势

遮山镇地处南阳市中心城区与镇平县结合部，距离镇平县城11公里，遮山镇区距柳泉铺集镇仅1公里左右，距王村仓储物流工业园只有一河之隔。

南阳是中原面积最大、人口最多的地级市，是省际区域中心城市和国家历史文化名城。南阳是"中原经济区建设的主体区、对接周边的先锋区和联南启西的重要桥梁。

遮山镇处于《南阳市城市总体规划》(2008—2020)中规划的以南阳城区为核心的半小时经济圈内，并且在"十字型"城镇与产业发展复合主轴线的东西向轴线上。受南阳市中心城区与镇平县城的经济辐射很强，有利于遮山镇承接珠三角、长三角地区以及南阳市中心城区等的产业转移。

②交通优势

遮山镇距南阳市中心城区以及镇平县城距离都不远，同时也扼守在312国道上，是镇平到南阳的必经之路。同时，宁西铁路、二广高速和沪陕高速公路从遮山镇域穿过，且二广高速公路出口遮山站距离现状遮山镇区仅4.5公里。与遮山镇隔河相望的王村乡的仓储物流功能区已形成规模，距离遮山镇仅6公里左右。

优越的交通条件是传统产业区位选择的重要因素，随着区域经济交流与合作的日益密切，其作用有进一步强化的趋势。遮山镇优越的交通区位，为遮山镇的产业集聚、资源开发等提供了得天独厚的条件，是遮山镇经济快速发展的重要支撑。

③特色农业优势突显

遮山镇四季分明，气候温和。土地资源丰富，土壤肥沃，农业生产条件优越。遮山镇的农业以种植业和畜牧养殖业为主。目前，已形成了烟叶和畜牧养殖业两大支柱产业。畜牧业以黄牛、羊、鸡、生猪为主，特别是黄牛饲养量大，品优质高，商品率高，畜牧业跃居镇平县前列。

④郊区地理环境优势

遮山镇境内有遮山、东鏊山、西鏊山、长溜山，岗、丘连绵，沟深坡陡，有"非岗即沟"之称，且山体集中连片于镇域中部，自然环境优美。

位于镇区南部的鳌园寺占地500亩，是广大信众的佛教生活圣地，是遮山的旅游业的一大景点。2011年，遮山镇对镇区南部2公里处，遮彭公路两侧的原石油二机厂旧址区域进行了论证，确定了建设"张仲景国际养生城"项目。规划该项目围绕鳌园寺形成张仲景中医养生院区、文化商业区和国际酒店及会议区三大核心功能区。目前，该项目已通过审批，将成为南阳区域休闲养生的绝佳之所。

由南阳三杰房地产开发有限公司投资建设的"山地森林生态休闲旅游区"项目已经启动。该项目规划占地10平方公里，发展定位为"中部(国际)高端休闲度假目的地；环球华商高峰论坛永久会址；中原城市群碳汇交易基地；国家AAAAA级旅游景区"，将成为南阳区域旅游度假的圣地。

目前，康桥美泉休闲农业观光区项目正在进行论证。该项目利用遮山东侧优质的自然资源优势，依据国家发展旅游产业和生态农业的有关政策，将打造一个集游乐体验、农业观光采摘、健康休闲的生态农业观光区。

镇平县提出按照"五点一环"(指遮山镇、老庄镇、二龙乡、石佛寺镇、镇平县城等五点所连成的环线)的开发格局，大力发展全县旅游业，争创河南省旅游强县。这将为遮山镇的旅游业发展带来很大的动力。

⑤政策优势

镇平县被确定为秦巴山区集中连片扶贫攻坚重点县，省文化改革发展试验区。

镇平县提出"一区两园"的产业发展格局。循环经济产业园是其中一园，位于遮山境内。

《促进镇平东部经济跨越发展战略规划》中，遮山镇被确定为镇平东部经济跨越发展的重点乡镇，因而在政策上、资金上得到县委县政府的大力扶持。

⑥与南阳市、镇平县具有产业互补、协调发展的优势

核心—边缘理论认为，核心区域与边缘区域的关系，在经济发展的不同阶段会发生转化。在发展的初级阶段，是核心区域对边缘区域的控制，边缘区域对核心区域的依赖。然后是依赖和控制关系的加强。但随着社会经济的发展，核心扩散作用的加强，核心将带动、影响和促进边缘区域的发展。边缘区域将形成次级核心，甚至可以取代原来的核心区域的控制。

根据该理论，南阳市中心城区和镇平县城经济从工业化初期向工业化成熟期过渡过程中，技术、资金、人才等先进生产力会向边缘区聚集。遮山镇将成为承接产业转移的首选，逐步形成与周边地区产业互补、协调发展的

格局。未来市县的机电设备制造等产业将成为遮山镇区经济快速发展的重要支撑,进一步带动镇域广大农村腹地的城乡一体化进程。

(2)遮山镇发展的不利因素

①工业基础薄弱

目前,遮山镇域仅有工业企业二十家左右,主要有中联水泥厂、华光树脂有限公司、乾隆门业有限公司、宏达石材厂、宏泰保温建材有限公司等,另外,还有一些采石厂。镇境内工业企业主要以建材加工业为主,污染比较严重的企业较多,还有一部分工业企业处于半停产或停产状态。

2010 年,遮山镇地区生产总值 45346 万元,同比增长 9.26%。其中农业生产总值 13761 万元,占地区生产总值的 30.35%。农业在三产中所占比重很大,工业发展仍然处于较低水平,所占比重较低,发展动力不足。

②基础设施建设滞后

城镇建设起点不高,城镇风貌有一定特色,但还不能充分体现遮山镇的特色,基础设施建设滞后,土地利用不尽合理。市场经济体系、制度发展程度低,尚属培育阶段。

遮山镇区属于沿 312 国道逐步集中建设而形成的小城镇,交通主要依赖于 312 国道和遮彭公路,自身道路交通设施建设滞后。

③外来资源竞争

由于遮山镇所处的特殊区位,同时受南阳市中心城区与镇平县城产业发展的影响,处于南阳市中心城区与镇平县城两个城市影响的交合处,属于影响弱化地带。由于市场竞争激烈,外来投资项目以南阳市中心城区产业园或镇平县产业园为其发展首选,使得遮山镇在产业发展上受到局限,长期以来处于无资可引的状态。

### (五)社会经济发展战略

#### 1. 总体思路

以邓小平理论和"三个代表"重要思想为指导,以统筹城乡、构建和谐社会、全面建设小康社会为目标,以科学发展观统领经济社会发展全局,将循环经济的发展理念贯穿到经济发展和城乡建设中,围绕建设"经济强镇、工业重镇、旅游名镇"为目标,强力实施"工业立镇、科教兴镇、文化亮镇、特色支撑、开放带动和可持续发展"的发展战略。

2. 发展战略

①工业立镇战略

工业化是推进城镇化的最主要动力。工业是经济社会发展的主要动力，是地方政府财政收入的主要来源，是创造就业的主要途径，也是城镇发展的主要支撑。工业企业发展本身能创造就业岗位，同时伴随其发展的各层次服务业也能吸纳大量农村剩余劳动力就业。

遮山镇要实现经济强镇的目标，就要深入实施"工业立镇"战略，以技术进步为支撑，努力培育发展优势行业和新兴科技型企业，提高工业经济的整体素质。依托本地交通区位、自然环境资源优势，重点培育壮大机电设备制造等循环经济、旅游度假等特色行业，打造拳头产品和拳头企业。同时，增加企业的科技含量，提高国民经济的整体素质，提升区域核心竞争力。

②科教兴镇、文化亮镇战略

大力坚持科教兴镇和教育优先战略，加快科技进步和教育发展步伐。夯实基础教育，重点是幼儿启蒙教育和小学生的素质教育；发展职业教育，重点是农民工产前培训，可以通过政府组织、企业资助等形式输送大批农村青年到外地进行技工培训，为经济发展储备生力军。

要努力把科学技术贯穿于农业生产的各个环节，发展高产、高效、优质、安全农业，建设农业生态园区，增加农业的基础效益和附加效益。建立政府奖励机制，培育知识经济亮点，加大科研成果转化率，为科研创造宽松环境。

充分发挥遮山镇的传统文化资源优势，继续拓展文化领域，挖掘文化内涵，提升文化品位，打造全国"张仲景养生城"的金字招牌，努力建设与社会主义市场经济相适应的文化发展格局和文化创新机制。

③特色支撑战略

目前，在各个乡镇之间，逐步形成了借力发展、你追我赶的局面，竞争趋于白热化。遮山镇要提高自身含金量，在周边乡镇中立于不败之地，就要强力实施特色支撑战略。特色支撑包括两方面内容，产业特色的形成和城镇建设特色的凸现。遮山要把农业资源转化为发展的优势条件，向精细农业、工厂化农业、观光农业等现代化农业方向发展，建设大型优质烟叶和优质黄牛生产基地，促进农产品加工转化增值，大力发展烟叶种植和畜牧业生产。借助南阳黄牛品牌效应，实施大规模养殖，打造具有影响力的遮山镇黄牛生产基地。

充分发挥遮山镇的自然环境优势，利用优越的地理环境资源，大力发展休闲、度假、旅游服务业，努力打造“南阳西郊中心花园”形象。

④区域开放战略

现代区域经济是开放型经济。遮山镇域的经济发展应全方位、多层次地参与南阳市域经济循环，逐步融入到以机电设备制造为主导的镇平县东部产业园。增强与镇平县的经济互补，与它的优势产业相对接，发展机电设备制造等配套产业，努力提高技术水平和产品档次，积极融入到更大范围的产业协作当中来，自身在对外开放和经济交流中不断发展和完善。镇域经济社会发展战略的制定、环境资源的分配应从区域角度出发，合理安排，优势互补，实现互促共荣。

⑤可持续发展战略

强化以人为本思想，实现人、城镇与环境的和谐发展。通过中心城镇发展，建立起居民生活及乡镇工业生产发展所必需的污染治理、垃圾处理等环境设施网络，完善环境卫生设施体系。加快建设园林绿化系统，建设公路防护林和河渠生态林带，优化镇域生活、生产环境，使经济发展、社会进步和生态保护、环境美化有机统一起来，促进经济、社会与环境协调发展。

### （六）社会经济发展目标

#### 1. 总体目标

确保农业基础，大力发展第二产业，加快发展第三产业，保持经济持续、快速、稳定增长，推动社会事业全面进步。按照“实现工业化、城镇化和农业现代化协调发展”的总要求，紧紧抓住推进中原经济区南阳主体区建设的历史机遇，借力中原经济区和南阳市的建设，对接南阳中心城区与镇平县城，加强与周边地区的联动发展，以统筹城乡发展为主线，以转变经济发展方式为重点，以改善民生为根本，突出遮山镇良好的机电产业发展基础和绿色宜居的城镇建设基础，积极推进对外开放、产业转型和城镇建设，到2030年把遮山镇建成河南省特色机电设备制造等循环经济产业基地、镇平县最具活力的东部新城。

#### 2. 具体目标

在努力实现经济发展目标的同时，必须统筹发展其他各项事业，着眼于构建和谐社会的目标，实现经济、社会、环境、城镇建设的协调发展。

(1)经济发展目标

近年来，遮山镇经济总额不断增加，经济发展虽然比较缓慢，但随着循环经济产业园等的建成投产，遮山镇的经济将呈现快速发展势头。规划期内，遮山镇的第二、三产业将获得较快发展。到2030年，遮山镇将形成以机电设备制造业和现代服务业为主导，第二、三产业并举，共同驱动经济发展的格局，遮山镇的三次产业结构将朝着高级化与合理化的方向协调发展。

近期（至2015年）国内生产总值6.65亿元，年均递增率10%以上，人均国内生产总值1.66万元。

远期（至2030年）国内生产总值36.40亿元，年均递增率12%以上，人均国内生产总值7.74万元。

到规划期末，三产比例达30%以上，一产比例不高于20%，二产比例达50%左右。

（2）社会发展目标

人民生活更加殷实，城乡统筹的社会保障体系初步建立，文化实力显著增强，科技、教育、文化、卫生、体育事业有较大发展，社会发展更为健康、和谐。

至2015年，镇区常住人口达到0.86万人；至2030年，镇区常住人口达到1.8万人。

（3）城镇建设目标

加强镇区的集约式发展，高标准配置公共设施，完善城镇功能配套，优化地区周边生态环境，精心经营城镇，提升城镇形象和城镇文化内涵，建设生态宜居镇区。

至2030年，城镇建成区绿地率达到35%以上，绿化覆盖率达到40%以上，人均公共绿地面积达到8平方米。

（4）环境保护目标

严格控制污染物排放，至规划期末主要污染物排放量得到有效控制，重要行业污染物排放度明显下降，农村环境质量保持稳定，初步建立起资源节约型和环境友好型社会。

至2030年，万元GDP耗水量降至80立方米/万元以内，单位GDP能耗水平降至0.7吨标准煤/万元以内，污水处理率达到90%以上，垃圾资源化利用率达到90%以上，工业废水排放达标率达到80%以上，城镇再生水利用率（%）达到30%以上，生活垃圾无害化处理率达到90%以上，二氧化硫排放达标率达到95%以上，城镇区域环境噪声平均值小于56dB(A)，年空气污染指数小于或等于100的天数达到300天以上。

3. 指标体系

如表 5-7 所示，即为社会经济发展指标体系

**表 5-7　经济社会发展目标**

| 指标项 | | 2010 年 | 2015 年 | 2030 年 |
|---|---|---|---|---|
| 经济发展目标 | GDP(亿元) | 4.53 | 6.65 | 36.40 |
| | 人均 GDP(元/人) | 12100 | 16600 | 77400 |
| | 三次产业结构 | — | 35∶40∶25 | 20∶50∶30 |
| | 城镇居民人均收入(元) | — | 25000 | 80000 |
| | 农民人均纯收入(元) | 5924 | 12000 | 45000 |
| 社会发展目标 | 镇域总人口(万人) | 3.75 | 4.0 | 4.7 |
| | 镇区人口(万人) | 0.67 | 0.86 | 1.8 |
| | 城镇化水平(%) | 17.9 | 25 | 45 |
| | 恩格尔系数(%) | — | 40 | 30 |
| | 人口自然增长率(‰) | 12 | 9 | 6 |
| | 每千人拥有医生数(人) | 2 | 2.5 | 3 |
| | 九年义务教育普及率(%) | 95 | 100 | 100 |
| | 科技进步贡献率(%) | — | 35 | 60 |
| | 公共教育经费占国内生产总值的比重(%) | 3.0 | 3.5 | 4.0 |
| | 社会保障覆盖率(%) | 95 | 100 | 100 |
| 城镇建设目标 | 城镇建成区绿地率(%) | — | ≥20 | ≥35 |
| | 城镇建成区绿化覆盖率(%) | — | ≥25 | ≥40 |
| | 城镇人均公共绿地面积($m^2$/人) | — | 6 | 8 |
| | 集中供水率(%) | — | 85 | 95 以上 |
| | 电话普及率(部/百人) | 21 | 25 | 40 |
| | 镇区自来水普及率(%) | 55 | 85 | 95 |
| 环境保护目标 | 万元 GDP 耗水量($m^3$/万元) | — | 150 | 80 |
| | 单位 GDP 能耗水平(吨标准煤/万元) | — | 1.0 | 0.7 |
| | 污水处理率(%) | — | ≥50 | ≥90 |
| | 垃圾资源化利用率(%) | — | ≥80 | ≥90 |
| | 工业废水排放达标率(%) | — | ≥80 | ≥80 |

续表

| 指标项 | | 2010年 | 2015年 | 2030年 |
|---|---|---|---|---|
| 环境保护目标 | 再生水利用率(%) | — | ≥30 | ≥30 |
| | 生活垃圾无害化处理率(%) | — | 80% | 90% |
| | 二氧化硫排放达标率(%) | — | ≥85 | ≥95 |
| | 环境噪声平均值(dB) | — | ≤56 | ≤56 |
| | 年空气污染指数小于或等于100的天数(天) | — | ≥240 | ≥300 |
| | 退化土地治理率(%) | — | >65 | >95 |
| | 秸秆综合利用率(%) | — | >90 | >95 |
| | 大气环境质量 | — | 二级标准 | 二级标准 |
| | 地表水环境质量 | — | Ⅲ类 | Ⅲ类以上 |

### (七)发展战略阶段

近期:将镇区作为全镇发展的增长极,进一步提高其聚集度,使其镇域中心的地位进一步加强。

远期:镇区带动镇域共同发展,初步实现城镇化和现代化,乡村基础设施和生产生活条件有显著改观。

## 五、城镇性质与规模

### (一)城镇性质和职能

1. 城镇发展定位分析

《镇平县县域村镇体系规划》(2009—2020)对遮山镇的定位为:将遮山与柳泉铺合并发展,重点以发展建材、轻型工业、农矿产品加工为主导的工业型特色镇。

《镇平县城市总体规划》(2008—2020)对遮山镇的定位为:将遮山与柳泉铺合并发展,以发展建材、农矿产品加工为主导的工业型城镇。

在新的发展时期,“中部崛起”作为一项长远的战略目标被提出并付诸实施,中原经济区建设提升为国家战略,南阳作为中原经济区的主体区,起到了承接长三角等东部发达地区产业转移的带头作用。镇平县委县政府提出建设“一区两园”的产业发展格局,并提出了以遮山镇为重点的镇平东部经济跨越发展战略,为遮山镇创造了良好的发展环境。

本次规划在确定遮山镇镇区性质时重点加强以下方面的内容:(1)顺应镇区发展转型趋势,壮大镇区规模,完善和提升综合服务功能,建设综合性新城;(2)加强塑造镇区的机电设备制造、旅游文化特色,提升镇区文化品位,建设生态环境优越的宜居镇区。

2. 城镇性质

本次规划确定遮山镇的城镇性质为:镇域的政治、经济中心,以机电设备制造为主,商贸服务、休闲养生为辅的综合型城镇。

3. 城镇职能

(1)南阳市重要的循环经济产业园区,机电设备制造基地;

(2)南阳市中心城区重要的转移产业承接地;

(3)南阳中心城市组团中的重要节点之一;南阳市与镇平交界地带的区域中心城镇;

(4)镇平县域东部经济跨越发展的重点工业城镇;

(5)南阳市西郊的休闲养生、旅游度假基地。

## (二)城镇规模

1. 城镇人口规模

①镇区人口现状

本次规划根据居住状况和参与社会生活的性质,将长期实际居住在现状建成区的人口作为镇区现状人口,主要包括建成区的常住非农业人口、农业人口、学校寄宿人口以及居住半年以上的流动人口等三部分。截止2011年底,遮山镇区常住人口合计为6715人。其中:农业人口(包括夏庄和钟其营两个行政村的部分村庄人口)4352人;非农业人口(主要是镇直部门工作人员及家属)1763人;居住半年以上的流动人口(包括学校寄宿人口和外来务工人口)600人左右。

近期:由于新型农村社区规划建设已启动,遮山镇仲景社区(规划纳入镇区建设范围)正在建设阶段,将会先期搬迁一部分人口入住社区。

远期:随着城乡一体化的推进和遮山城镇基础设施的配套完善,以及《河南省对新型农村社区规划建设导则》中对新型农村社区建设的相关要求,结合镇域村镇体系规划,将周边的夏庄、钟其营、苏庄、马营等行政村的人口共7546人向镇区迁移，现状镇区人口合计14261人。

另外，机械增长主要来自镇域的总趋势。镇平县域乃至南阳市域的产业布局和城镇空间发展模式对遮山镇的影响较大。镇境内循环经济产业园项目建设，将吸引镇域以及大批外来人口就业。

城镇规划范围内的农村人口作为产业园发展的劳动力资源，是园区内工业企业招工的首选，将使遮山镇快速实现农村剩余劳动力的就地吸收和转化。

②镇区人口预测

根据第四章对镇域人口的预测，全镇2015年人口约40000人，2030年约47000人，并保留发展到10万人的可能。

按南阳市及镇平县城镇化平均水平，确定遮山镇城镇化水平为2015年25%，2030年45%。

镇区近期人口规模约0.86万人，远期人口规模约1.8万人，并保留远景发展到5万人的可能。

2. 城镇用地规模

镇区现状建成区面积78.60公顷，现状人口6715人，人均用地117平方米。人均用地面积较大，其主要原因是镇区内各项用地比例不够合理，居民老住宅区住宅面积较大，建筑密度小，土地利用率较低。

根据《镇规划标准》(GB50188—2007)的规定，允许调整幅度可减0～10平方米/人。规划镇区远期人均用地指标控制在107平方米/人以内。人口规模按预测值1.8万人，则规划期末城镇建设用地宜在190公顷左右。

## 六、城镇建设用地布局

### (一)城镇建设现状

1. 总体布局现状

遮山镇是沿312国道与遮彭公路长期发展而形成，经过多年的城镇建设，目前已形成以G312和遮彭公路(312国道以北名为府前路)、镇政府北侧道路为主的“两横一纵”的道路网格局。

居住用地主要集中312国道以南区域。公共设施用地主要集中在312国道以北区域。沿G312和府前路分布着遮山镇的主要商业用地。行政管理用地集中分布在镇区北部。

镇区缺乏工业企业。目前,镇平县中联水泥厂在现状遮山镇区西侧设有分厂,是中联水泥的熟料加工厂区。另外,零星有几家养殖、农副产品加工、木材加工企业。在镇区东部,还有几家砖石、煤厂等。

2. 用地布局现状

镇区建设用地主要沿 G312 和府前路发展。镇区内功能分区不明确,各类用地混杂,建设起点不高。

(1)居住用地

现状居住用地 21.68 公顷,占建设用地 27.58%,人均 32.29 平方米。

镇区现状居住用地主要分布在 312 国道路以南的遮彭公路两侧。建筑面貌陈旧,以传统的低层建筑为主,内部的废弃地较多。另在 312 国道北侧也有部分住宅。其余居住用地多与商业用地混杂布置在主要道路的两侧,为上宅下店式两层,建筑质量不高。镇区内大部分建筑为砖混结构。

(2)公共设施用地

现状公共设施用地共计 14.53 公顷,占建设用地的 18.49%,人均 21.64 平方米。

①行政管理用地

现状行政管理用地共 1.07 公顷,人均 1.59 平方米。

行政管理用地分布比较集中,主要位于 312 国道以北。镇政府位于现状镇区中部,府前路东侧,地税所、财政所、土管所等均结合镇政府集中,其余主要在 312 国道沿线。行政管理机构较为齐全。

②教育机构用地

现状教育机构用地 4.14 公顷,人均 6.17 平方米。

镇区现有初中 1 所,小学 1 所。初中占地面积 2.83 公顷,有班级 9 个,在校学生数 273 人,楼舍设施较为齐全,规划保留。小学现状用地规模偏小,目前停用,小学生暂时在初中校内上学。镇区现状无大型幼儿园。

③文体科技用地

现状镇区的文体科技主要是结合镇政府设置,没有单独的用地。

④医疗保健用地

现状医疗保健用地 0.08 公顷,人均 0.12 平方米。

镇区现有卫生院一所,设施简陋,不能满足需求。在石油二机厂旧址有一所敬老院,规划将搬迁至镇区。

⑤商业金融用地

现状商业金融用地 8.36 公顷,人均 12.45 平方米。

现状商业金融主要分布在 312 国道及府前路两侧,以沿街店铺形式为主，规模小，档次低，经营方式简单。

⑥集贸市场用地

现状集贸市场用地 0.88 公顷，人均 1.31 平方米。

镇区有集贸市场 1 处，位于府前路与镇政府北侧路交叉口东北，以皮毛贸易为主，由于未形成规模，一直处于无业状态。

(3)生产设施用地

现状生产设施用地 27.60 公顷，占建设用地的 35.11%，人均 41.10 平方米。

目前，镇平县中联水泥厂在现状遮山镇区西侧设有分厂，是中联水泥的熟料加工厂区。另外，零星有几家养殖、农副产品加工、木材加工企业。在镇区东部，还有几家砖石、煤厂等。

(4)仓储用地

现状仓储用地 2.97 公顷，占建设用地 3.78%，人均 4.42 平方米。

镇区现有现有粮管所的粮库 2 处，还有 1 处清真食品冷库。

(5)对外交通用地

现状对外交通用地 4.96 公顷，占建设用地 6.31%，人均 7.31 平方米。

目前，312 国道和遮彭公路从镇区中部东西向穿过。312 国道的过境交通量很大，分割镇区用地，且对居民生活带来不便。镇区无汽车站，来往车辆属随坐随停。

(6)道路广场用地

现状道路广场用地 6.49 公顷，占建设用地的 8.26%，人均 9.66 平方米，如表 5-8 所示。

镇区内道路基本以方格网状为主。道路基本都已硬化，但城镇主要道路依托过境公路，缺乏良好的交通组织。无广场和停车场设施。

**表 5-8　遮山镇区主要道路现状统计**

| 名称 | 长度（米） | 宽度（米） | 起点 | 终点 | 路况 |
|---|---|---|---|---|---|
| 府前街南段 | 320 | 26 | “312”国道南侧 | 黄栋树庄南侧 | 良好 |
| 府前街北段 | 380 | 26 | “312”国道北侧 | 宁西铁路南侧 | 良好 |
| 府前路 | 310 | 21 | 民族路 | 金海路 | 良好 |
| 民族路 | 380 | 16 | “312”国道北侧 | 宁西铁路南侧 | 良好 |
| 金海路 | 200 | 12 | “312”国道北侧 | 府前街 | 良好 |
| “312”国道集镇段 | 1000 | 23 | 水凡店庄 | 西柳泉铺界 | 良好 |
| 皮毛肉食市场路三条 | 300 | 各 8 | 府前街北段 | 民族路 | 良好 |

(7)工程设施用地

现状工程设施用地共 0.37 公顷，占建设用地的 0.47%，人均 0.55 平方米。

现状公用工程设施主要为邮电支局、加油站等。

(8)绿地

现状无绿化用地。312 国道在镇区建成区段只预留了防护绿地宽度，但未种植防护林带。

具体遮山镇区现状用地情况见表 5-9 和图 5-16。

**表 5-9　遮山镇区现状用地一栏表**

| 分类代码 | 用地名称 | 用地面积(公顷) | 占建设用地比例(%) | 人均用地面积($m^2$/人) |
|---|---|---|---|---|
| R | 居住用地 | 21.68 | 27.58 | 32.29 |
| C | 公共设施用地 | 14.53 | 18.49 | 21.64 |
| C1 | 行政管理用地 | 1.07 | — | 1.59 |
| C2 | 教育机构用地 | 4.14 | — | 6.17 |
| C3 | 文体科技用地 | 0 | — | 0 |
| C4 | 医疗保健用地 | 0.08 | — | 0.12 |
| C5 | 商业金融用地 | 8.36 | — | 12.45 |
| C6 | 集贸市场用地 | 0.88 | — | 1.31 |
| M | 生产设施用地 | 27.60 | 35.11 | 41.10 |
| W | 仓储用地 | 2.97 | 3.78 | 4.42 |
| T | 对外交通用地 | 4.96 | 6.31 | 7.39 |
| S | 道路广场用地 | 6.49 | 8.26 | 9.66 |
| U | 工程设施用地 | 0.37 | 0.47 | 0.55 |
| G | 绿地 | 0 | 0 | — |
|  | 镇区建设用地 | 78.60 | 100 | 117.05 |
| E | 水域和其他用地 | 2.76 | — | — |
| E | 水域和其他用地 | 2.76 | — | — |

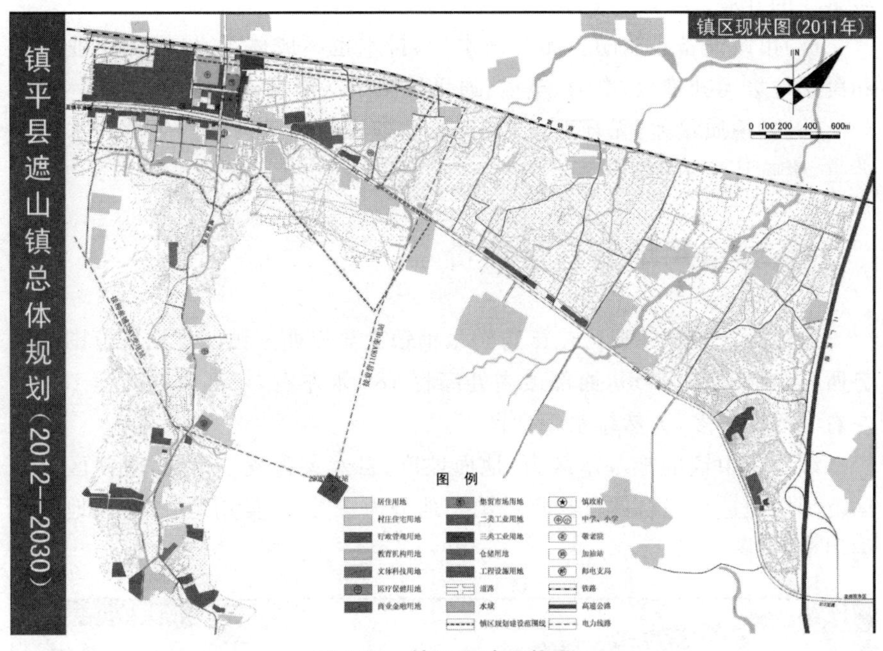


图 5-16　镇区用地现状图

### (二)现状存在问题

(1)现状镇区建成区位于镇域西北部,与柳泉铺镇交界位置。由于受铁路、公路、高速以及山体的影响,镇区的发展受到极大的限制。

(2)312 国道从镇区中部穿过,过城镇路段达 1.5 公里,且镇区以 312 国道和遮彭公路为主要道路。一方面 312 国道严重分割了镇区建设用地,同时也人为的减弱了国道南北区域间的联系,给镇区居民生产生活带来了严重影响;另一方面,使随着镇区的发展,镇区人口会越来越多,人们频繁穿越 312 国道的可能越来越多,影响了 312 国道正常的交通,造成过境交通与镇区内部交通相混,极易发生交通事故。

(3)内部道路未完全形成体系。短头路、T 字路较多,特别是旧有道路路面破损,占道经营严重,急待改造,停车场缺乏。

(4)商业不集中。现状商业多为沿街门面,主要沿 312 国道、遮彭公路两侧,呈带状分布,分成零散。

(5)土地利用率低。主要是镇区内部空地较多,新建建筑仅是沿路建设。

(6)城镇风貌建设差。沿街建筑密集,公共空间少,没有市政广场,无绿化用地,不能满足居民日常休闲的需要,也不利于城镇文化品味的提高和旅游事业的开展。

(7)市政设备较简陋。无自来水厂,排水也不成体系,城镇的工业废品和民用垃圾无处堆放,电力、电信、通讯线路架空铺设,破坏城镇形象。

(8)环境质量差,无环卫设施,垃圾随处堆放。沿河两侧生活污水排放严重,影响环境卫生。

## 七、城镇用地适宜性评价

遮山镇区现状建成区位于与柳泉铺镇交界以西。镇区规划区范围内地势西高东低,基本平坦,西部最高处高程185米左右,东部最低高程153米左右。河沟较多,天然排水条件良好。

综合遮山镇的地基承载力、地面坡度、自然灾害发生情况,对镇区规划区范围用地进行综合评价。将城镇用地分为三类:一类用地、二类用地和三类用地,如图5-17所示。

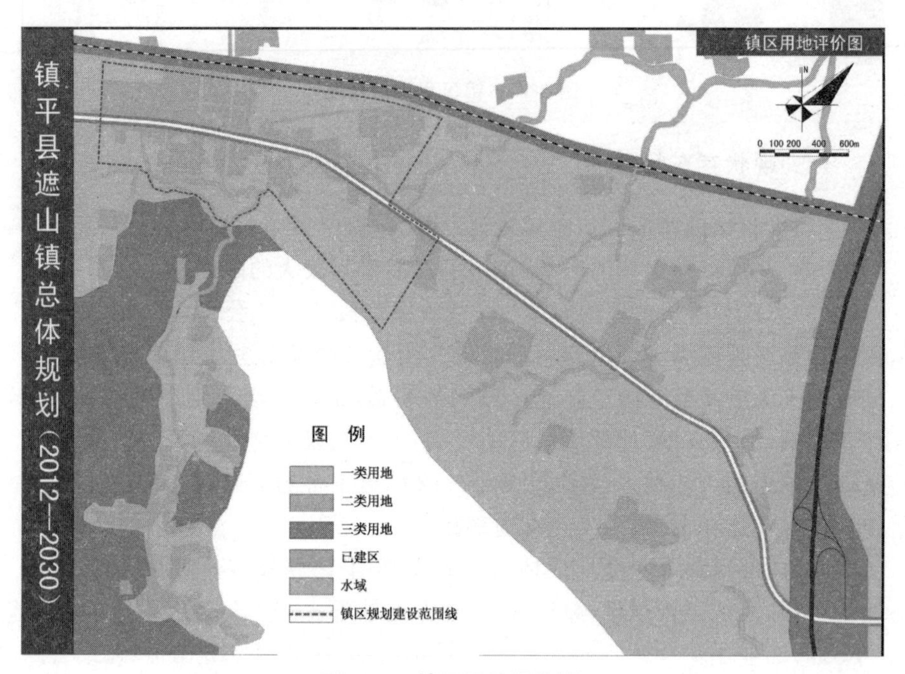


图5-17 镇区用地评价图

(1)一类用地:即适宜修建的用地。该类用地一般不需或只需稍加简单的工程准备措施,就可以进行修建。具体包括:①地形坡度在10%以下,符合各项建设用地的要求;②土质能满足建筑物地基承载力的要求;③地下水位低于建(构)筑物的基础埋深度;④采取简单的工程措施即可排除地面积水的地段。

（2）二类用地：即基本上适宜修建的用地。该类用地需要采取一定的工程措施，改善其条件后，才能修建。具体包括：①土质较差，在修建建筑物时，地基需要采取人工加固措施；②地下水位距地表面的深度较浅，需降低地下水位或采取排水措施；③地形坡度较大，除需要采取一定的工程措施外，还需要动用较大土石方工程；④地表面有较严重的积水现象。

（3）三类用地：不适于修建的用地。具体包括：①地基承载力极低，需要采取很复杂的人工地基和加固措施才能修建；②地形坡度超过20%以上；③农业生产价值很高的丰产农田。

## 八、城镇发展方向分析

从遮山镇的历史发展形态和前半轮规划的实施情况来看，镇区的发展主要是沿现状建成区以东区域进行的。现状建成区以东至二广高速区域有相当大的发展空间。

确定城镇未来发展方向的主要影响因素有：一是用地条件因素；二是土地利用规划因素；三是过境交通因素；四是前版规划的传承与延续。

（1）用地条件：镇区现状用地比较集中，主要公共设施均布置在312国道以北。

（2）土地利用规划因素：根据遮山镇土地利用总体规划（2006—2020年），镇区的一般农田大部分集中现状镇区以东区域。

（3）过境交通因素：312国道从镇区中部东西向穿过，现状镇区被312国道一分为二，北部主要为公共设施，南部主要是居住用地。镇区北部是宁西铁路。宁西铁路与312国道之间距离，西部400米左右，东部为2500米左右。两路之间区域用地较小，不能满足镇区发展的需要。

（4）前版总体规划：前版总体规划的发展方向均是向东、向南发展。

近年来，镇平县委县政府提出“一区两园”的产业发展格局，位于遮山镇区东部的循环经济产业园被确定为两园中的其中一园，目前正在进行基础设施建设。城镇建设用地向东拓展趋势明显，向南有一定的发展要求。

综合以上分析，规划期内城镇用地“主要向东、适当向南”发展。近期主要完善现状镇区功能，完成仲景社区一期的建设；远期可以大规模向东、向南发展；远景主要向东南方向发展，与东部产业园融为一体。

## 九、城镇总体布局原则

(1)城镇总体布局要符合城镇发展定位，提升城镇在区域发展中的地位，构筑与遮山镇职能、规模相匹配的城镇空间结构。

(2)总体布局应有利于经济和社会各项事业的发展，有利于产业结构调整与布局结构优化。

(3)总体布局应有利于城镇功能优化和结构调整，合理拓展城镇发展空间。

(4)总体布局应有利于城镇综合交通体系的完善，体现交通对城镇空间布局的引导作用。城镇用地布局应当有利于减少交通需求，优化交通结构，发展公共交通，适应未来机动化的趋势。

(5)总体布局应结合现有的地形地貌、潦河上游支流等自然环境特征，控制好城镇各单元间的绿色开敞空间，完善城市内部绿地系统，创造良好的、生态化的人居环境。

(6)坚持弹性引导与刚性控制相结合，使用地与空间布局对城镇发展既具有适应性，又具有规则性。规划布局同时考虑土地开发的空间安排和时序安排，以保持各阶段用地布局的相对完整与集中，以及对发展机会的适应性。

(7)镇区布局与用地调整与土地利用规划相协调，有利于土地集约利用，盘活存量土地，搞活增量土地。优先安排使用基础设施配套已基本完成或部分完成的用地，用地布局应充分考虑提高这些地区的开发强度，同时促进镇区新发展区域的建设。

## 十、城镇总体布局结构

通过对现状用地问题的分析，合理布置居住、交通、生产、休憩等城镇功能之间的关系，规划镇区总体布局结构为："一心、一轴、一廊"，如图 5-18 所示。

"一心"——即城镇综合行政商贸服务中心。位于规划镇区中部，现状镇政府所在区域，为城镇的核心功能区，是城镇的行政、商业和文教等公共服务设施在城镇空间上的集聚、功能上的综合而形成的城镇核心区域。

"一轴"——指沿 312 国道的东西向城镇主要发展轴。

"一廊"——指沿镇区内的贯通河道所形成的绿地景观生态廊道。

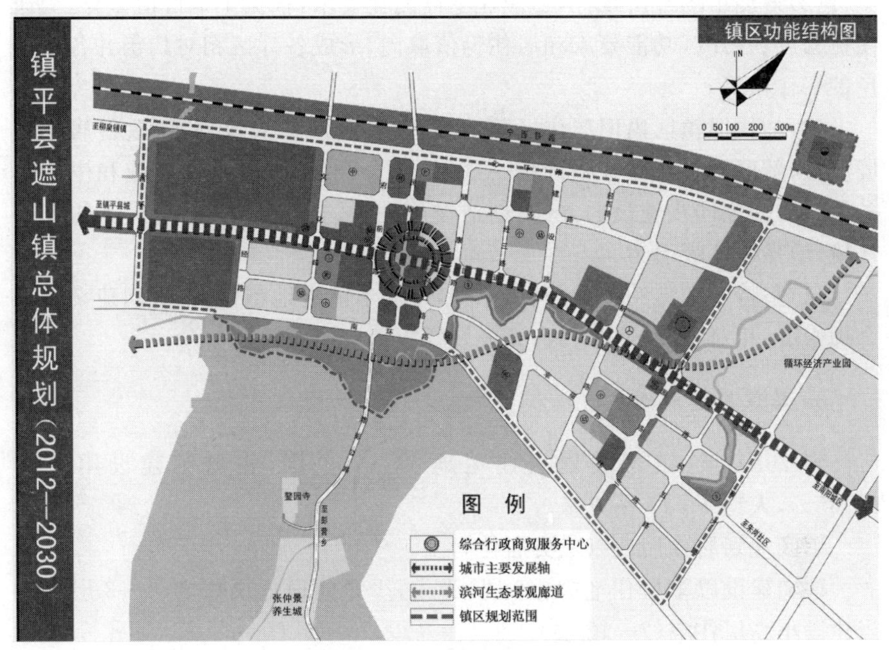


图 5-18　遮山镇总体规划图

## 十一、城镇建设用地规划布局

### (一)居住用地规划

1. 居住用地现状

镇区现状居住用地主要分布在312国道路以南的遮彭公路两侧。建筑面貌陈旧,以传统的低层建筑为主,内部的废弃地较多。另在312国道北侧也有部分住宅。其余居住用地多与商业用地混杂布置在主要道路的两侧,为上宅下店式两层,建筑质量不高。镇区内大部分建筑为砖混结构。

现状存在的主要问题:镇区还分布着一些村庄建设用地即“城中村”,城中村及周围的农民建房零乱不紧凑,造成土地的浪费;居住用地内缺乏,居民缺乏休息和交往的场所;公共设施配套不完善。

2. 规划原则

(1)按照城镇总体布局,优化调整居住用地的结构和布局,本着生产和生活、居住与就业相对就地平衡的原则,合理布局新居住用地。

(2)遵循市场经济规律,适应住宅商品化要求,根据土地价值差异、交通便捷程度、各片区功能要求和居住价值取向,形成各片区相对均衡并各具特色的居住格局。

(3)加快旧镇区内旧居住区整治改造,控制居住人口容量,改善居住环境质量;新区居住区建设坚持统一规划、综合开发、配套基础设施和生活服务设施与住宅同步建设的方针,创造设施完善、方便安全、舒适优美的宜居环境,增强新区吸引力。

(4)坚持土地集约、节约利用原则,发展节能省地型住宅,规划建设具有合理密度、相对紧凑的住宅区,充分发挥土地资源效益。

### 3. 居住用地规划

到 2030 年,镇区规划居住用地 74.07 公顷,占城镇建设用地的 37.85%,人均 41.15 平方米。

镇区规划居住用地以二类居住为主。

住宅建设以多层住宅(4—6 层)为主,少量建设低层住宅(1—3 层),适当建设小高层住宅(7—12 层)。

(1)保留改造居住用地

保留改造的居住用地大部分为现状的质量较好的居住用地,主要分布于镇区老城区。以改造为主,拆除危旧房,完善基础设施和公共服务设施,增加开敞空间和公共绿地。

对保留居住用地的整合改造,要纳入城镇社区体系,与城镇有机融合,提升生活服务水平和居住环境质量,形成整体和谐的社区面貌和氛围。

(2)新增居住用地

①镇区新增居住用地主要分布于旧区以东的新拓展区。结合镇区发展,在各片区内均衡布局新居住用地,引导人口集聚,为疏解旧区人口和城镇人口规模扩张提供承载空间。

②结合城镇产业结构和用地结构的调整优化,将旧区内部位置优越、产出效益不高、对生活有干扰的工业、仓储等用地置换为居住用地,实现土地的优化配置。

③将镇中村用地与城镇建设用地统筹规划,镇中村改造纳入到城镇居住社区中统筹安排,实行并村综合开发,参照城市居住区规范标准规划建设,以新建集合住宅为主,集约利用土地,提高空间使用效率,同步配建基础设施和公共服务设施,改善生活居住条件。

#### 4. 居住区规划指标及配套公共服务设施

居住社区是人类居住模式的基本单元，指一定规模人群集聚而居的地域共同体，由家庭、邻里等基本单位整合而成的社会、空间统一体。为推进居住社区建设，实现服务社会化和保障社会化，住宅区规划应融入社区规划理念，致力于促进居住社区社会网络的形成，建设充满活力、具有归属感和文化特色的居住社区。

(1)主要指标控制

根据人口规模和发展规划，合理确定新建商品住宅总量规模。新建居住区容积率应控制在1.5—2.0之间，日照系数应控制在1.1—1.3之间，绿地率应不低于35%，人均公共绿地应不低于1.5平方米。

现状镇区的改造容积率应控制在1.0—1.8之间，日照间距应控制在1.0—1.2之间，绿地率应不低于30%，人均绿地应达到相应的国家技术标准。

(2)社区级公共设施配套

居住用地应统筹规划配建社区级商业、金融、文化、体育、医疗、卫生、菜市场等公共设施以及居住社区公园等，形成居住社区公共服务中心，共建共享公共服务设施和环境，完善居住社区服务和管理体系。

各级居住社区开发建设时，应参照《城市居住区规划设计规范》(GB 50180—93)(2002年版)配套建设相应规模的教育、医疗、文体、商业服务、社区服务、金融、市政、行政管理等公共服务设施。

新建居住区内应配建足够的停车场与停车位，新建独立式住宅区应按不低于1.5个停车位/户，其他新建居住区应按不低于0.75个停车位/户。

所有居住区的建设都应先进行详细规划与设计。

### (二)公共设施用地规划

到2030年，规划公共设施用地21.57公顷，占城镇建设用地的11.02%，人均11.98平方米。

#### 1. 发展目标

公共设施规划要为城镇管理职能提供完善、方便、高效的工作和生活条件；城镇公共设施规划与经济发展的水平相协调，各项社会事业在调整和建设中得到完善和提高，为经济发展提供精神动力和智力支持；城镇公共设施规划应面向广大群众，体现公平与效率兼顾的原则，满足“人人享有基本公共服务”的要求；公共设施建设中大力完善有助于提高居民生活品质的个人消费服务业和公共服务业，形成与区域中心城镇相匹配的综合服务功能。

2. 规划原则

①结合城镇空间结构，积极引导中心镇区公共设施的合理布局，促进城镇空间结构的调整。提升遮山镇镇级中心的区域辐射功能，强化和完善二级（社区级）中心的服务功能。

②坚持公共设施布局集中与分散相结合的原则。现状设施实施改造和功能提升，规划新建设施适度超前，方便群众工作、学习和生活。

③合理确定各类公共设施总量与分布，形成分工合理、功能明晰的各级各类中心。

④以人为本，健全和配套建设文化、体育、医疗卫生、教育等公益性公共设施。

⑤积极发展社区服务业，完善便民服务设施，特别要加强对弱势群体的服务。

### （三）行政管理用地规划

1. 行政管理用地

镇区现状行政管理用地分布比较集中，主要位于312国道以北。镇政府位于现状镇区中部，府前路东侧，地税所、财政所、土管所等均结合镇政府集中，其余主要在312国道沿线。行政管理机构较为齐全，但用地规模较小。远期考虑将镇政府搬迁至东部新区内。

到2030年，镇区规划行政管理用地2.76公顷，人均用地1.53平方米。

规划通过土地置换等方式对旧区现有行政办公用地进行优化整合，完善镇区的行政服务功能，围绕镇政府建设行政中心，形成城镇相对集中的行政管理中心。

2. 教育机构用地

镇区现有初中1所，小学1所。初中占地面积2.83公顷，楼舍设施较为齐全。小学现状用地规模偏小，目前停用，小学生暂时在初中校内上学。镇区现状无大型幼儿园。

到2030年，镇区规划教育机构用地6.95公顷，人均3.85平方米。

规划保留镇区现有初中，并结合居住用地新建小学3所，幼儿园3所。

3. 文体科技用地

现状镇区的文体科技主要是结合镇政府设置,没有单独的用地。

规划文体科技用地 0.98 公顷,人均 0.54 平方米。

规划布置篮球、排球等运动场地,并设健身房、乒乓球房、棋牌活动室等其他文体活动场所。

4. 医疗保健用地

镇区现有卫生院一所,设施简陋,不能满足需求。在石油二机厂旧址有一所敬老院。

规划医疗保健用地 1.24 公顷,人均 0.69 平方米。

规划保留并扩建现状的镇卫生院,完善其设施、提高服务水平。规划在每个居住片区设置卫生所,方便居民日常就医的需要。规划将石油二机厂旧址的敬老院搬迁至镇区现状镇卫生院南侧。

5. 商业金融用地

规划商贸金融用地 6.54 公顷,人均 3.63 平方米。

在保留、适当改造 312 国道和府前路沿线的商贸金融建筑的基础上,在府前路两侧布置城镇大型的商贸服务金融设施,形成城镇的商业中心。

在新建居住区时应配套相应的商业服务网点,应控制其沿街商业的蔓延,适当集中。商业金融用地应遵循统一规划、分期实施的原则进行。

6. 集贸市场用地

镇区有集贸市场 1 处,位于府前路与镇政府北侧路交叉口东北,以皮毛贸易为主。

规划集贸设施用地 3.10 公顷,人均 1.73 平方米。

规划保留现状集贸市场用地,并在镇区东南设一处集贸市场用地。主要为农业生产资料市场,进行全镇的农副产品、小商品等的贸易服务。

**(四)生产设施用地规划**

到 2030 年,规划生产设施用地 23.69 公顷,占城镇建设用地 12.11%,人均 13.16 平方米。

规划将镇区和石油二机厂旧址的现状工业用地实施置换调整,逐步集中至规划镇区工业用地内。近期对现有工业用地适当合并,保留污染较小的中联水泥厂。远期可考虑产品转换同时引进一些劳动力密集型工业项目，集中布置在东南部工业集中区内，吸纳农村的剩余劳动力。制定工业集中区的准入制度，严格禁止发展有严重污染的工业，以一二类工业为主要发展方向。工业区内配备良好的基础设施和管理结构，为工业企业服务。

### （五）仓储用地规划

到2030年，规划仓储用地2.53顷，占城镇建设用地的1.29%，人均1.41平方米。

规划保留原镇区粮管所的粮库和清真食品冷库。另外，在现状集贸市场东侧规划一处仓储用地，主要为集贸市场货运提供服务。

### （六）对外交通用地规划

到2030年，规划对外交通用地5.63公顷，占城镇建设用地的2.88%，人均3.13平方米。

结合遮山镇所处的区域位置，综合分析其交通量，近期考虑312国道仍然作为镇区的主要对外交通道路；远期待北环路及新312国道建设后，逐步将镇区的对外交通北移，将规划北环路作为城镇对外交通的主要道路。同时应加强沿线管理，禁止违章搭建和控制建筑红线后退。

规划在新遮路与312国道交叉口设置一处客运站。

### （七）道路广场用地规划

到2030年，规划镇区道路广场用地36.25公顷，占城镇建设用地的18.53%，人均20.14平方米。

老镇区道路骨架已初步形成，规划局部予以调整、完善，新区道路采用方格网状布局。远期主要道路规划形成“三纵三横”的道路网格局。“三纵”指南北向的西环路、府前路、建设路，“三横”指东西向的北环路、现状312国道和南环路。其中，近期现状312国道主要承担对外交通功能，远期北环路主要承担对外交通功能。

### （八）公用工程设施用地规划

到2030年，规划镇区市政公用设施用地1.68公顷，占规划城镇建设用地的0.86%，人均占有0.93平方米。

镇区市政公用设施用地包括变电站、邮政支局、电信支局、水厂、污水处理厂、垃圾转运站、消防站等用地。

规划新建自来水厂一座，位于临园路与北环路交叉口东北，宁西铁路以北，占地1.45公顷；规划结合遮山镇产业国的发展，在镇区东南部的潦河下游新建污水处理厂一座，占地 1.14 公顷；新建消防站一座，位于临园路与现状 312 国道交叉口西南侧，占地 0.27 公顷。

### (九)绿地规划

到 2030 年，规划绿地 30.26 公顷，占镇区总建设用地的 15.46%，人均绿地面积 16.81 平方米。

1. 公共绿地

到 2030 年，规划镇区公共绿地 15.27 公顷，占规划城镇建设用地的 7.80%，人均 8.48 平方米。

规划公共绿地九处，包括 1 个公共中心绿地、3 个滨河公园、2 个居住区内游园。

2. 防护绿地

规划沿 312 国道两侧、镇区内河道两侧以及工业用地外围各布置 10—25 米宽的防护绿地。并在水厂、污水处理厂周围布置大片的防护绿地，加强环境保护，形成良好的生态环境。

镇区用地情况见表 5-10 和图 5-19。

**表 5-10　镇区规划建设用地平衡表(2030 年)**

| 代码 | 用地名称 | | 用地面积(ha) | 所占比例(%) | 人均建设用地($m^2$/人) |
|---|---|---|---|---|---|
| R | 居住用地 | | 74.07 | 37.85 | 41.15 |
| C | 公共设施用地 | | 21.57 | 11.02 | 11.98 |
| | 其中 | 行政管理用地 | 2.76 | 1.41 | 1.53 |
| | | 教育机构用地 | 6.95 | 3.55 | 3.86 |
| | | 文体科技用地 | 0.98 | 0.50 | 0.54 |
| | | 医疗保健用地 | 1.24 | 0.63 | 0.69 |
| | | 商业金融用地 | 6.54 | 3.34 | 3.63 |
| | | 集贸市场用地 | 3.10 | 1.59 | 1.73 |
| M | 生产设施用地 | | 23.69 | 12.11 | 13.16 |
| W | 仓储用地 | | 2.53 | 1.29 | 1.41 |
| T | 对外交通用地 | | 5.63 | 2.88 | 3.13 |
| S | 道路广场用地 | | 36.25 | 18.53 | 20.14 |

续表

| 代码 | 用地名称 | | 用地面积 (ha) | 所占比例 (%) | 人均建设用地 ($m^2$/人) |
|---|---|---|---|---|---|
| | 其中 | 道路用地 | 34.75 | 17.76 | 19.31 |
| | | 广场用地 | 1.50 | 0.77 | 0.83 |
| U | 工程设施用地 | | 1.68 | 0.86 | 0.93 |
| G | 绿地 | | 30.26 | 15.46 | 16.81 |
| | 其中 | 公共绿地 | 15.27 | 7.80 | 8.48 |
| | | 防护绿地 | 14.99 | 7.66 | 8.33 |
| 总建设用地 | | | 195.68 | 100 | 108.71 |
| E | 水域和其他用地 | | 4.27 | | |
| 规划范围内总用地 | | | 199.95 | | |

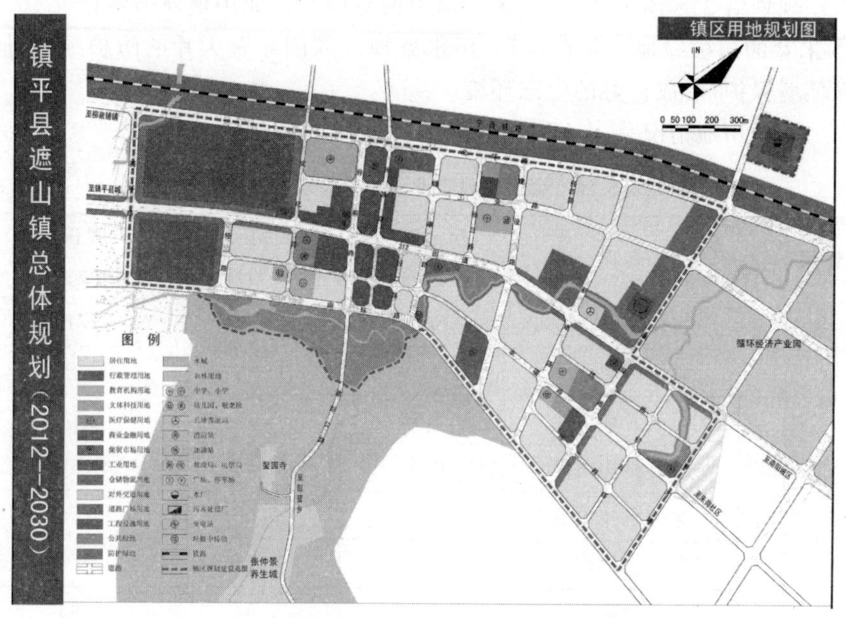


图 5-19　镇区用地规划图

## 十二、城镇设计引导

### (一)城镇设计目标

城镇景观设计应充分强调镇区与外部环境的协调，同时还应强调其内在景观的整体性和序列性，注重各功能空间的和谐性和整个景观结构的有机构成，创造具有独特风格与人文色彩的镇区，同时还应为滨水景观向现状镇区内部的渗透创造条件。

### (二)设计原则

以环境为源，突出镇区的滨水环境特色，设计突出“近水亲绿”的思想。

以人为本，重视居民的生活活动规律，重视不同人群的需求，创造更多的公共活动空间。

### (三)空间景观构成

利用潦河将郊野农田风光引入镇区，结合用地布局形成滨水景观带及主题开放空间；通过对人文历史文化资源的保护与营造，成为绿化空间景观核心，展现遮山人文历史的一面；结合医疗教育等特殊群体的需求，构筑特殊公共空间；通过滨河绿带及活动的组织，形成景观节点；通过对建筑地块的有序布局，城镇特质的城镇界面、地域标志；通过控制建筑、景观建筑区、公园、滨水绿地、视廊的构造，形成富有特色的天际轮廓线。

## 十三、镇区分期建设时序及近期建设规划

### (一)分期建设时序

#### 1. 分期建设时序划分

本次规划期限为2012—2030年。规划以降低投资成本、减少开发风险为原则，针对遮山镇特有的现状条件和产业发展需求，提出合理、灵活、有序地进行分期建设与滚动发展的步骤。

镇区分期建设分为近期、远期、远景三个阶段。近期为2012年—2015年；远期为2016年—2030年；远景展望至本世纪中叶长远发展的需要。

#### 2. 分期建设时序

近期(2012年—2015年)，重点是完善镇区功能，加强镇区行政中心、综合商贸中心、生活居住区的建设，打通、拓宽主要道路，加强特色专业市场的建设。

远期(2016年—2030年)，提升镇区综合行政商贸中心地位，建设东部居住新区，形成镇区的和谐发展格局。

规划远景(展望至本世纪中叶),城镇建设工作全面铺开,建设用地主要向东南拓展。

**(二)近期建设规划**

1. 近期建设规划期限与规模

近期规划期限:2012—2015年。

规划规模:根据遮山镇域镇村体系规划人口预测结果,至2015年,镇区规划预测人口规模为0.86万人,城镇建设用地达到99.86公顷,人均建设用地116.12平方米。

2. 指导思想

(1)处理好近期建设与长远发展,经济发展与资源环境条件的关系,注重区域生态环境保护,实施可持续发展战略。

(2)与城镇国民经济与社会发展规划相协调,符合遮山镇资源、环境与财力的实际条件,适应市场经济发展的要求。

(3)坚持为最广大人民群众服务,坚持以人为本,维护公共利益,完善城镇综合服务功能,改善人居环境。

(4)严格依据城镇总体规划,不得违背总体规划的强制性内容。

3. 近期建设目标

近期遮山镇GDP年均增速实现12%,人均GDP达到1.66万元,第三产业占GDP比重达25%以上。

4. 近期重点建设项目

遮山镇在近期主要是建设一些基础设施项目,如镇区道路、广场、街头游园、公厕、垃圾转运站,另外还要建一定规模的居住小区、工业园区、集中市场等。具体项目如下。

(1)居住区建设

近期,加强现状镇区住宅区和原有村庄的改造建设,提倡住宅建设从居民自建到逐步推向市场,实行商品房开发制度。

重点是镇区府前路西侧老居住区的改造和东侧仲景社区一期的建设。老居住区的改造主要是适当拓宽道路,提高建筑层数,减少建筑密度,增大容积率,使镇区中心的部分居民有计划地外迁,进行土地置换,用以改善居住环境和作为公共设施用地。仲景社区建设要求配套设施建设同步完成,并符合本次总体规划要求。

近期居住区建设面积 26.06 公顷。其中:老居住区 9.91 公顷,仲景社区一期 16.15 公顷。

(2)公共设施建设

近期根据服务半径和服务人口,加强现有公共设施的改、扩建和专业市场的新建,部分项目实行用地预留,基本形成一套完整的服务体系,如表 5-11 所示。

①行政管理用地:保留现状行政管理用地。

②教育机构用地:保留现状遮山初中。在仲景社区内新建小学 1 所,幼儿园 2 所。

③文体科技用地:建设一处文体科技建筑。其他结合居住生活区设零星文体科技网点,从而丰富居民生活,提高镇区品位。

④医疗保健用地:镇卫生院在原有基础上进行扩建。

⑤商业金融用地:逐步完善镇区商业中心建设,保留传承镇区传统的商业气息。仲景社区配套部分的商业用地。

⑥集贸市场用地:搬迁占据道路路面的集贸设施,保留镇区内现状皮毛市场。

**表 5-11　近期公共设施建设一览表**

| 项目名称 | | 位置 | 占地规模(ha) | 备注 |
|---|---|---|---|---|
| 行政管理用地 | | 府前路两侧 | 2.56 | 保留 |
| 教育机构用地 | 中学 | 府前路与工业路交叉口西北 | 2.82 | 保留 |
| | 小学 | 新遮路与幸福路交叉口东北 | 1.02 | 新建 |
| | 幼儿园 | 文化路与幸福路交叉口西南<br>新遮路与幸福路交叉口东南 | 0.66 | 新建 |
| 文体科技用地 | | 新遮路与幸福路交叉口东南 | 0.38 | 新建 |
| 医疗保健用地 | | 镇卫生院扩建 | 1.04 | 扩建 |
| 集贸市场用地 | | 府前路与工业路交叉口东北 | 1.13 | 保留 |

(3)工业及仓储建设

近期初步建设工业集中区,镇区内现有工业企业逐步搬至规划的工业用地内,限制污染严重的企业入驻工业用地内,使工业区建设尽快起步。

保留镇区西部的中联水泥厂,进行工艺的升级改造,降低对周边环境的污染。保留镇区内现状粮库和清真食品冷库。近期工业及仓储建设面积

18.24 公顷。

(4)对外交通建设

近期暂不考虑汽车客运站的建设。

(5)镇区道路建设

近期重点拓宽改造老镇区道路,打通断头路,完善镇区道路系统。如表5-12 所示,重点建设幸福路、工业路、建设路(312 国道—南环路段)、南环路(经一路—建设路段)等主干道。

**表 5-12 近期镇区道路建设一览表**

| 路名 | 起止点 | 规划红线宽度(M) | 路长(M) | 规划横断面(M) |
|---|---|---|---|---|
| 工业路 | 文化路—临园路 | 24 | 1543 | D—D |
| 建设路 | 现状 312 国道—南环路 | 30 | 475 | C—C |
| 幸福路 | 建设路—育才路 | 24 | 882 | D—D |
| 南环路 | 经一路—建设路 | 30 | 1065 | C—C |

(6)工程设施建设

近期工程设施建设主要满足居民日常的生产生活需要,符合市政、安全、环保等设施配套要求。如表 5-13 所示,主要建设项目有:水厂、电信支局、消防站等重要设施。

**表 5-13 近期工程设施项目建设一览表**

| 项目名称 | 位置 | 占地面积(公顷) | 备注 |
|---|---|---|---|
| 水厂 | 临园路与北环路交叉口东北 | 1.15 | 初期建设 |
| 电信支局 | 现状 312 国道与府前路交叉口西北 | 0.15 | 新建 |
| 邮政支局 | 现状 312 国道与府前路交叉口西北 | 0.13 | 保留 |
| 加油站 | 现状 312 国道与文化路交叉口西北 | 0.35 | 保留 |
| 消防站 | 现状 312 国道与临园路交叉口西南 | 0.27 | 初期建设 |

(7)绿地建设

近期结合镇区内河流的整治及沿岸绿化美化,形成较为完整的镇区公园绿地系统。公园绿地建设近期控制用地范围,逐步分期建设。

如表5-14所示，近期规划建设公园绿地3处，总占地面积约6.18公顷。

表5-14 镇区公园绿地规划一览表

| 编号 | 位置 | 占地面积（公顷） | 备注 |
|---|---|---|---|
| 1 | 南环路与遮彭公路交叉口西南 | 4.38 | 一期建设 |
| 2 | 临园路与幸福路交叉口西北 | 1.32 | 一期建设 |
| 3 | 建设路与现状312国道交叉口西南 | 0.48 | 新建 |

(8)其他建设内容

部分村庄的撤村并点。

通过对以上项目的建设，近期内使镇区建设初具规模，整体形象初步建立，镇区近期规划建设用地情况见表5-15。

表5-15 镇区近期规划建设用地指标表(2015)

| 代码 | 用地名称 | | 用地面积（ha） | 人均建设用地（$m^2$/人） |
|---|---|---|---|---|
| R | 居住用地 | | 26.06 | 30.30 |
| C | 公共设施用地 | | 16.15 | 18.78 |
| | 其中 | 行政管理用地 | 2.56 | 2.98 |
| | | 教育机构用地 | 4.50 | 5.23 |
| | | 文体科技用地 | 0.38 | 0.44 |
| | | 医疗保健用地 | 1.04 | 1.21 |
| | | 商业金融用地 | 6.54 | 7.60 |
| | | 集贸市场用地 | 1.13 | 1.31 |
| M | 生产设施用地 | | 16.46 | 19.14 |
| W | 仓储用地 | | 1.78 | 2.07 |
| T | 对外交通用地 | | 2.47 | 2.87 |
| S | 道路广场用地 | | 21.59 | 25.10 |
| | 其中 | 道路用地 | 20.37 | 23.69 |
| | | 广场用地 | 1.22 | 1.41 |

续表

| 代码 | 用地名称 | | 用地面积(ha) | 人均建设用地($m^2$/人) |
|---|---|---|---|---|
| U | 工程设施用地 | | 2.05 | 2.38 |
| G | 绿地 | | 12.45 | 14.48 |
| | 其中 | 公共绿地 | 6.18 | 7.19 |
| | | 防护绿地 | 8.62 | 10.02 |
| 总建设用地 | | | 99.86 | 116.12 |
| E | 水域和其他用地 | | 1.06 | |
| 规划范围内总用地 | | | 100.92 | |

注:近期遮山镇区常住人口规模为0.86万人。

5. 资金筹措

对于近期建设的投资项目,应采取多元化的投资方式和资金筹措方式。财政支出部分主要用于城镇的基础设施建设和公共设施的配套建设,其他部分资金主要由各市场行为主体进行投资建设,无须列入政府财政预算。政府着重根据规划引导好投资方向,并对每年投放的建设用地数量进行控制,同时对市场主体投资基础设施部分的要给予一定的优惠政策,以保证城镇建设步入良性发展的轨道,镇平县遮山镇总体规划(2012—2013)见图5-20。

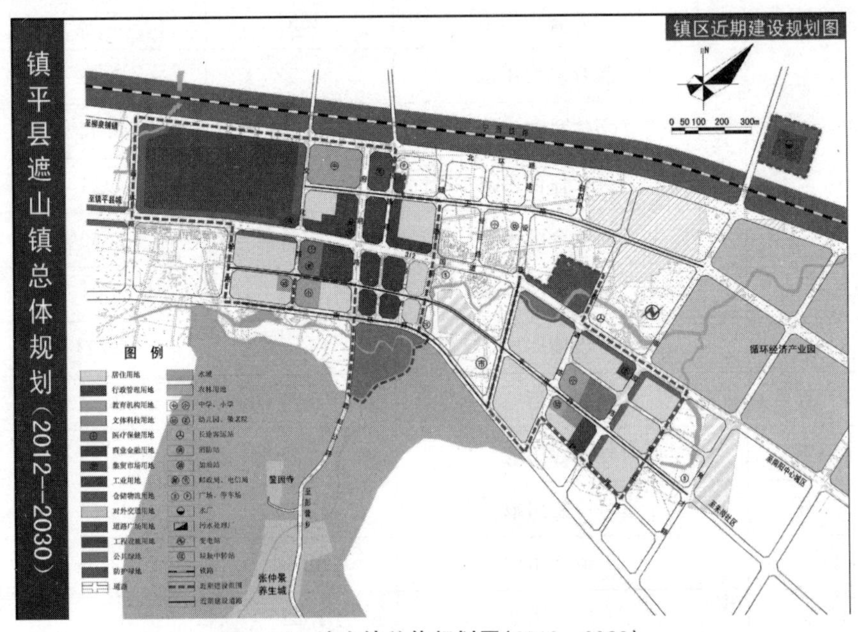


图5-20 遮山镇总体规划图(2012—2030)

## 十四、远景发展构想

影响城镇远景发展的主要因素是未来的经济发展以及在市场经济条件下的诸多不确定性，所以在保证规划具有足够的弹性和适应性的基础上，远景布局方案更多的是战略性、结构性的构思，以适应未来城镇社会经济的变化。

城镇的远景发展是规划期内的发展的延续。因此，远景布局方案应当继承和发扬城镇既有的特色和优势。继续提高城镇的可居性，创造更优秀的景观风貌，保持社会、经济与生态环境的持续发展。

### (一)远景建设目标

(1)全面提升城镇功能

遮山镇远景被纳入南阳市中心城区规划范围内，远景规划全面提升城镇功能。

(2)形成与城镇功能相匹配的城镇空间结构

规划远景形成能够延续特色文化，突出山水景观特色，与自然环境和谐共生，与未来城镇功能相匹配的空间结构。

### (二)远景发展规模与发展方向

(1)发展规模

远景城镇人口应控制在10万人左右，城镇建设用地控制在10平方公里左右，人均城镇建设用地控制在100平方米以内。

(2)发展方向

镇区远景建设继续向东、向东南拓展，与东部循环经济产业园一体发展建设，形成镇平东部区域重要的工业城镇。

### (三)远景空间布局

规划远景镇区与东部循环经济产业园融合发展，形成产城一体化的发展格局。

## 十五、规划实施措施

总体规划是全镇各项建设的法律依据，一经批准，即具有法律效力。凡规划区内的一切建设活动，必须服从本规划，严禁破坏正常的规划管理。

要严格树立规划的法律性和权威性。总体规划批准后，由遮山镇人民政府组织实施和解释，若因情况变化需对规划修编或调整时，应按《中华人民共和国城乡规划法》的有关条款规定和程序进行。杜绝规划管理中的随意性，并组织建立监督机构，保证规划的顺利实施。

具体实施策略如下。

### （一）分期建设与整体开发相协调

要将遮山镇作为一个整体进行规划与开发，分期建设、不同项目的开发都与整体开发相协调。城镇主体逐步形成分区合理、结构清晰的结构框架，形成若干成组成片的城镇功能区。

### （二）注重基础设施和环境建设

注重环境和基础设施建设，为进一步开发打好基础，并且将影响和决定未来发展。环境和基础设施建设需要大量的资金，单纯依靠政府财政难以达到效果，争取上级优惠政策和财政扶持，创新投资体制，吸引外来资金投资各项城镇开发建设，加快基础设施发展步伐。

### （三）规划体制与管理体制创新

总体规划需要地方政府的统一协调职能，保证城镇空间形态的合理发展。总体规划作为政府的重要职能，是政府管理城镇的重要手段。应强化政府对规划实施的领导，充实其管理权限，增加必要的人员配置和资金投入，建立管理责任制，完善勘察审批等工作制度，实施强有力的规划管理。

在总体规划修编的基础上，政府需进一步编制控制性详细规划和对重点地段的修建性详细规划和城镇设计，特别是城镇重点地段和重要景观节点，便于进行有效控制和管理。

### （四）土地管理制度创新

认真贯彻落实国家的土地使用政策，引导集约利用土地，加大农村土地整理力度，引导农村工业向城镇工业集中区集聚。鼓励和引导农民进镇买房，进镇落户，加快城镇化进程，严格控制农村住宅建设用地标准，积极推动农业产业化和农村现代化进程。

### （五）加强宣传，引导公众参与

在加强规划宣传、统一认识的基础上，创造条件，吸引公众参与规划，建立和健全公众参与规划的程序和制度，增加规划管理的透明度。使全体居民了解、参与城镇建设的宏伟蓝图，增强建设、管理城镇的责任感，为城镇的长远发展出谋划策。

发扬民主，广开思路，广泛听取民主党派、工商和社会各界人士对规划工作的意见、批评和建议。大型基础设施建设事先征求各类专家和研究咨询机构的意见，认真进行可行性研究和科学论证。

# 第六章　小城镇空间形态的控制性详细规划设计案例

小城镇是架通农村与城市的桥梁和纽带，是推进城镇化的重要环节，因而小城镇的规划工作也愈发重要，它是城镇总体建设的指南，也是上一级城市总体规划的完善和深化，是城镇体系规划的组成部分及促进城镇经济社会发展的重要手段。传统的控制性详细规划具有较强的操作性，能够承上启下，对每个城镇区的建设地块进行严格的指标控制。面对新时期小城镇空间形态发展的需求，控制性详细规划有必要作出更富有弹性空间和策略的调整，以适应新型城镇化背景下小城镇空间形态可持续发展提出的更高要求。本章通过阳驿乡中心区控制性详细规划和柳庄乡中心区控制性详细规划的空间控制策略研究，阐述城市设计指导下，尊重小城镇自身发展基因规律的城市空间形态控制策略与方法。

## 案例一：阳驿乡中心区控制性详细规划中的空间控制策略

### 一、阳驿乡中心区现状基本概况

阳驿乡地处宁陵县西部，北与逻岗镇、石桥镇接壤，南与刘楼乡为邻，西与睢县尤吉屯搭界，东与城郊乡相连。如图 6-1 所示，豫 104 省道(郑永公路)横穿全景，东距京九铁路 35 公里，北距陇海铁路 15 公里，逻张公路、平曹公路纵横交织。阳驿乡乡域面积 23.2 平方公里，辖 31 个行政村，79 个自然村，总人口 4.85 万人。中心区位于阳驿乡中部，内有省道 325 和县道 042 交叉经过，北部有规划刑商铁路。

中心区是阳驿乡政府所在地，规划范围内现有 23082 人，除行政机关外，第三产业主要是以批发、餐饮、零售为主的民营经济实体。近几年随着经济的发展，市政建设水平的提高，阳驿乡中心区的建设有了较大的改观，公建设施、基础设施的建设已初具规模。

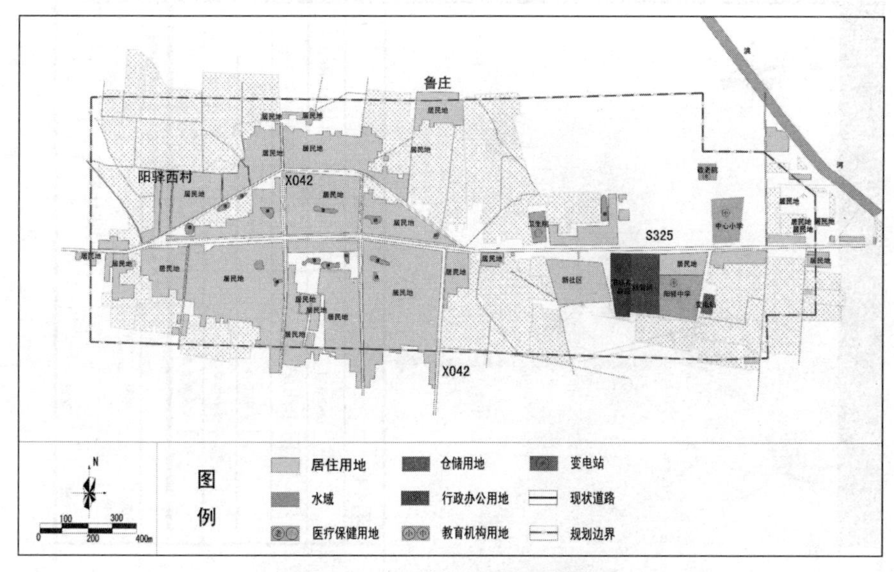


**图 6-1 阳驿乡中心区现状图**

## 二、阳驿乡中心区空间规划结构及用地布局

本中心区的用地规划应充分利用水面及两侧绿地等这些自然环境要素，通过布置广场、公园等用地创造一个空间丰富、活动内容多样的富有地域特色的用地布局。如图 6-2 所示，本中心区的用地结构概括为："一区、一带、两点、三线"。

"一区"：核心风貌区，指位于阳驿乡政府周边的核心功能区，以行政办公、文化科技、商业活动、休闲娱乐为主要功能的景观风貌区。

"一带"：指东西向 S325 沿省道发展的方向，向周边扩展，结合休憩、防护绿地形成的商贸景观带。

"两点"：指中心区西部和中部形成的两个主要核心景观节点。

"三线"：指东西向 S325 沿省道发展轴，南北向西部沿 X042 县道发展轴，以及南北向沿乡政府东侧道路发展轴的景观界面。

规划用地分类按《镇规划标准》进行分类，以小类为主，共分为七大类用地，分别为居住用地、公共设施用地、对外交通用地、道路广场用地、工程设施用地、绿地、水域和其他用地。规划区总用地面积 290 公顷（如 6-3 图中的用地规划图）。

(1)居住用地。主要为二类居住用地（R2），居住总用地面积 138.17 公顷，占总用地的 47.6%。规划居住用地结构参考《城市居住区规划设计规范》

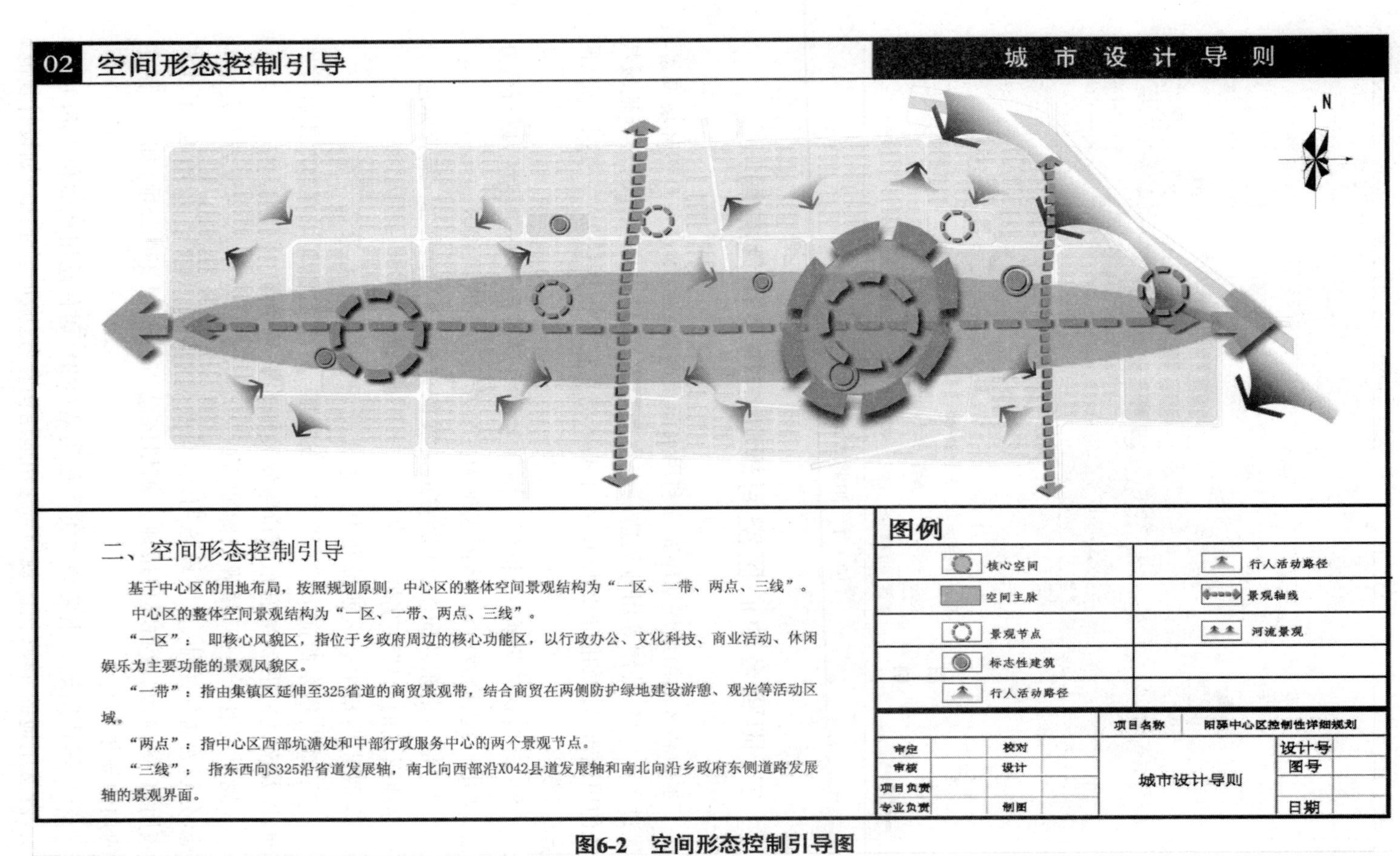

图6-2　空间形态控制引导图

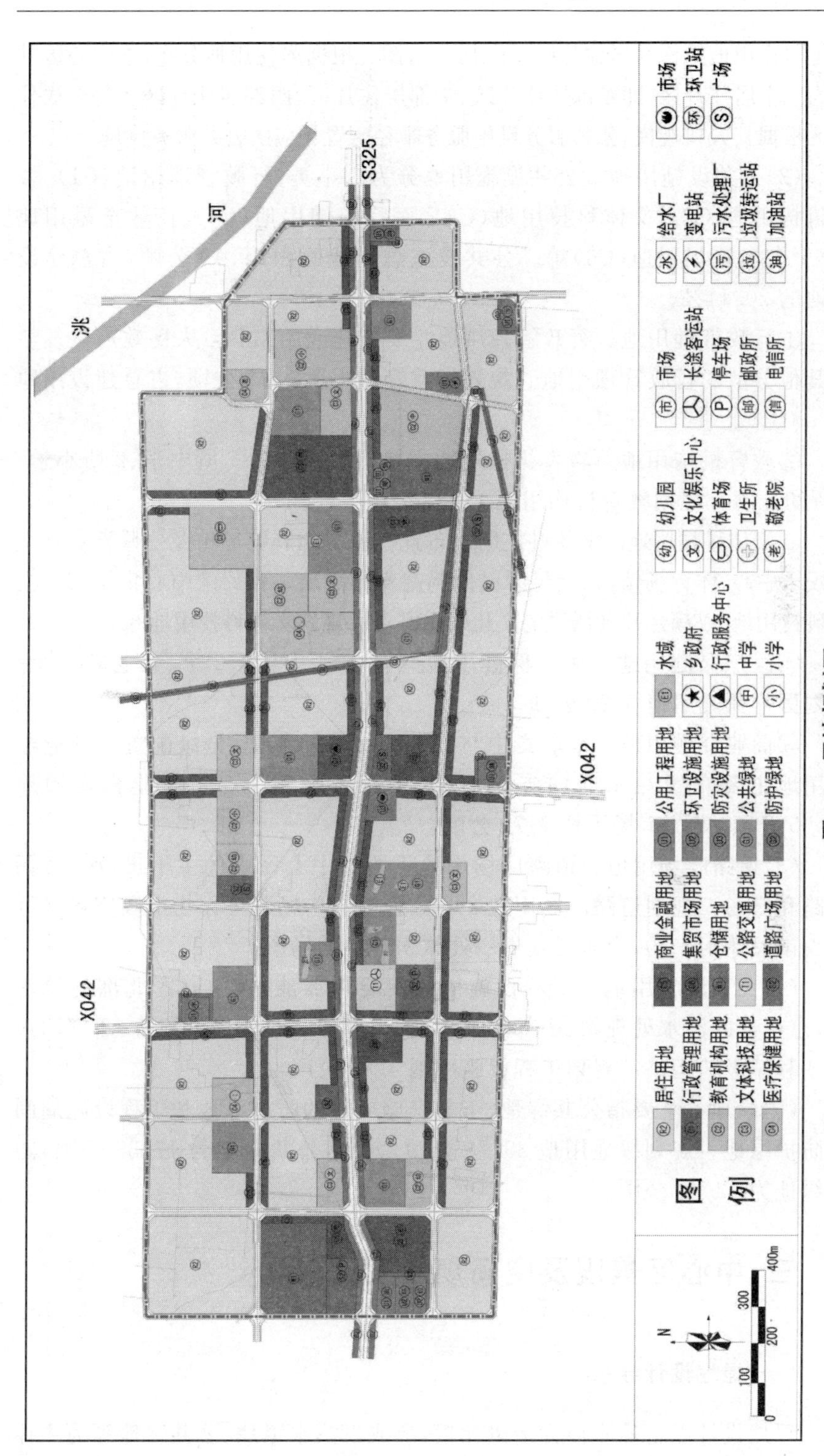
洮
河
S325
X042
X042
N
0
100
200
300
400m
图
例
居住用地
行政管理用地
教育机构用地
文体科技用地
医疗保健用地
商业金融用地
集贸市场用地
仓储用地
公路交通用地
道路广场用地
公用工程用地
环卫设施用地
防灾设施用地
公共绿地
防护绿地
水域
乡政府
行政服务中心
中学
小学
幼儿园
文化娱乐中心
体育场
卫生所
敬老院
市场
长途客运站
停车场
邮政所
电信所
给水厂
变电站
污水处理厂
垃圾转运站
加油站
市场
环卫站
广场

图6-3　用地规划图

确定居住用地结构为居住片区——居住组团。根据居住用地分布，本中心区共分为三个居住片区，即东部居住片区、中部居住片区、西部居住片区。每个居住片区根据其人口规模，公共服务设施服务半径配置相应的公共服务设施。

(2)公共设施用地。公共设施用地分为六小类：行政管理用地(C1)、教育机构用地(C2)、文体科技用地(C3)、医疗保健用地(C4)、商业金融用地(C5)、集贸市场用地(C6)等。公共设施总用地面积59.19公顷，占总建设用地的20.41%。

①行政管理用地。行政管理用地主要指建成的阳驿乡人民政府以及整合其他分散的行政管理用地。规划行政管理用地2.98公顷，占总建设用地的1.03%。

②教育机构用地。教育机构用地主要指阳驿乡的1所中学、2所小学、4所幼儿园。规划教育机构用地11.88公顷。

③文体科技用地。文体科技用地布置各种文化展览场馆及一些营利性文化娱乐中心、体育场馆，以满足居民休闲健身的需求。各片区中心集中布置文体科技用地，以满足片区居民的文化娱乐需求。规划文体科技用地8.7公顷。

④医疗保健用地。医疗保健用地共有规划卫生所2个、敬老院1个。规划医疗保健用地5.29公顷。

⑤商业金融用地。采取集中与分散相结合的原则，分级配置。商业金融用地主要布置在东西向省道S325东西路两侧。规划商业金融用地22.55公顷，集贸市场用地7.79公顷。

(3)道路广场用地。道路广场用地主要指中心区内的主干道、次干道、支路和广场。规划道路广场用地29.73公顷。广场既可作为市政广场又可作为市民休闲广场，为居民提供一处休闲健身的场所。

(4)工程设施用地。工程设施用地主要指加油站、中心区北部的给水厂、东南部的污水处理站、中部的消防站、中部的邮政所和电信所、西部的环卫站和垃圾转运站。规划工程设施用地4.90公顷。

(5)绿地。主要指公共绿地、工业仓储周边的防护绿地和工程设施周围的防护绿地。规划绿地用地39.78公顷，其中，公共绿地为17.38公顷，防护绿地为12.40公顷。

## 三、中心区景观及空间规划设计引导

### (一)绿地设计导引

绿地设计以自然水体为造景元素，形成以滨水绿地、公共绿地等为主体的绿地系统，突出本中心区的绿色特色。滨水绿带应做到丰富美观，要与周边建筑、道路景观相结合，并尽量保证绿带的连续性。居住用地也应提供大量绿化面积，并采用丰富的植物品种和绿化形式。核心服务区，由于空间的限制和建筑形体要求，绿化的设施布局趋于规则，在建设量较小的区域，则宜选用自然生长的本地植物和采用自由不规则的自然布置形式（如图 6-4 中的绿地景观控制引导）。

绿地周围严禁设置围墙，如确需进行分隔，也均应以园林式通透栏杆、绿篱进行围合。要增加绿色空间的文化内涵，充实休闲、娱乐、游玩等项目和园林建筑、雕塑、小品等内容。

### （二）街道空间和广场空间设计导引

街道和广场应建立良好的空间序列和形体秩序，空间尺度宜人，街景错落有致。街道和广场周边的公共建筑群体的规划和设计必须强调整体效果，要按照谦让原则突出重点，注重和谐统一。景观和空间环境设计应力求反映地方历史和文化特色。位于以步行为主的街道两侧的建筑应提供连续的商业界面和供遮阳蔽雨用的连廊（如图 6-5 所示的中心区重点公共空间与社区入口空间控制引导）。

街道空间是分布最广、连续性最强的线状公共空间，除了提供交通功能之外，部分道路更重要的是提供了商业活动空间，规划在居住用地内设置的商业街，为人们提供休闲购物环境。同时街道通过断面形式、绿化种植以及与周边地块建筑围合等条件的不同变化形成不同风格、个性的道路景观（如图 6-6：建筑形态与街道空间控制引导）。

道路侧景要求道路两侧的建筑界面有一定的呼应，在特征区边界应有明显的提示，同时道路空间的封闭与渗透形成空间序列节奏，通过绿化掩映和广告标识的点缀塑造不同的街道景观。

对于交通性的主干道，采用分段设计，每段既要有自己的特色，又要整体统一。主干道采用饱和度较高的色系，建立连续的立面，塑造完整的街道空间；次干道采用较淡雅的色彩，以绿化种植强调有个性的生态空间。

对道路交叉口建筑界面进行整体景观设计，使之具有较强的识别性，各个交叉口之间用对景等手法进行处理，使城镇交叉口由点到线形成有机整体。

对于生活性的支路，通过沿街建筑的空间限制来形成亲切宜人的街道尺度。沿街间隔一定距离设置小型活动场地和行人驻足点，尽量避免设置围墙，或者至少采用低矮、通透或施以垂直绿化围栏。

图6-4　绿地景观控制引导图

图6-5　中心区重点公共空间与社区入口空间控制引导图

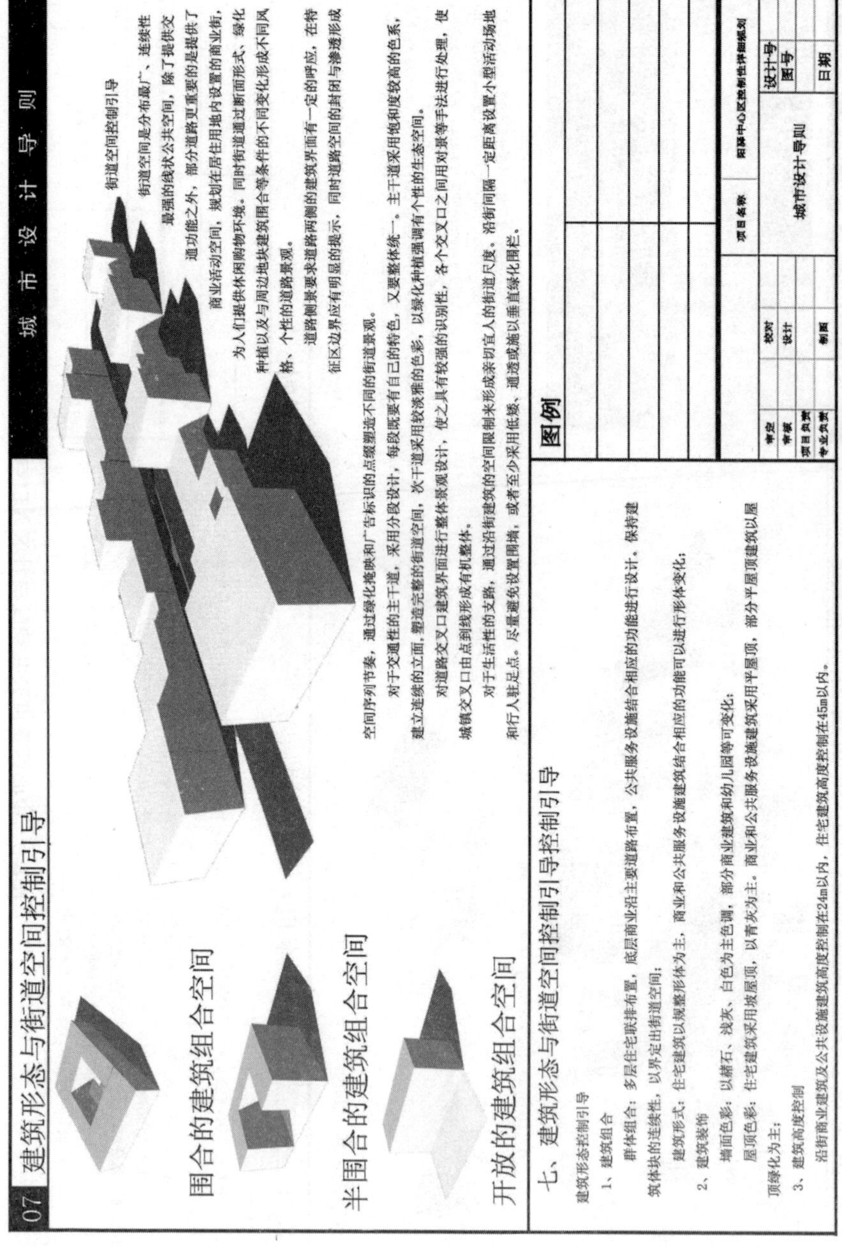


图6-6　建筑形态与街道空间控制引导图

### (三)建筑设计导引

主要商业建筑应采用统一的体量和建筑风格,建议以水平和垂直线条构图为主,主体建筑可有对比变化。建筑色彩可采用相对明快的色系,不必强调统一,但在色调上应有一定的协调和对比关系(如图 6-7 的城市设计引导图。

住宅建筑群以多层建筑为主,建筑体量不宜过大,在建筑布局上应错落有致。建筑形式宜采用坡屋顶,可根据不同的开发意向采用不同的风格。建筑色彩上也可以市场认同为准则,但在不同建筑群之中宜保持相同或相近的建筑风格及色彩。

建筑与周边的景观环境应注重对比协调关系。对于商业建筑区而言,建筑群落以局部商业建筑为标志物,建筑之间必须相互兼顾整体协调关系,建筑尺度控制以中等尺度为宜。在居住区内,注重建筑周边场地和建筑细部处理的结合,创造宜人的空间,做好景观设计,设置适量服务设施并结合大门设计以突出其识别性;公共绿地应种植观赏性强的花木,结合硬质铺地,适当安排休憩、健身等设施。同时,要结合周边小学、幼儿园、临街商业、集贸市场等重点创造居民购物、休闲、交流等场所,关注人行道宽度、行人旁侧空间和行走间隙等空间设计,使其具有可达性性、便捷性和舒适性。

### (四)引导标识

为突出本中心区的环境特征,避免视觉上的杂乱,一般除商业广场、步行街区外,禁止设置固定的大中型商业广告。广告的安置不应破坏原有的建筑空间感觉和建筑立面。沿干路两侧的多层建筑可安置一些造型简洁的广告牌,一般以高出地面 6 米为宜。文体科技空间应以演出展览的广告为主,严禁杂乱地安置商业广告。行政办公空间应避免安置大中型商业广告。小型广告可结合建筑、设施、小品以及标志系统的灵活设计,为丰富多彩的中心区空间提供点缀。

### (五)夜景照明

重点照明地段是主要的公共活动空间和人流集散空间,同时又是中心区形象的重要体现点和区域标志性场所。中心区应针对不同的环境整体设计,并且在照明强度、时段以及风格上作出具体要求。如商业空间体现丰富多彩,文体科技空间体现艺术、韵律等。

重点照明带以滨水绿地为主,通过园林式的照明设计,满足了绿地系统的使用要求,体现了“以人为本”的思想。其他休闲绿地中可相对弱化照明设计。

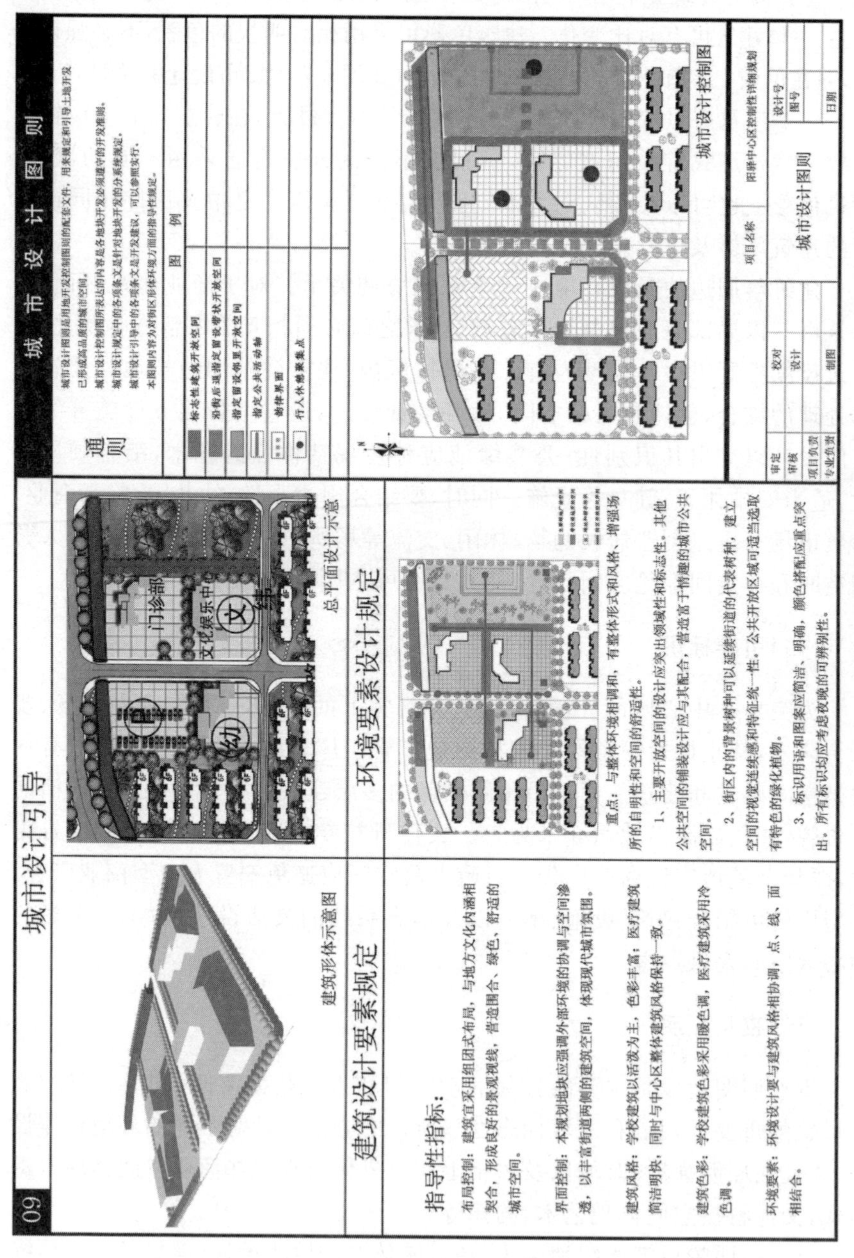
09
城市设计引导
建筑形体示意图
门诊部
文化娱乐中心
文
幼
总平面设计示意
建筑设计要素规定
指导性指标：
布局控制：建筑宜采用组团式布局，与地方文化内涵相契合，形成良好的景观视线，营造围合、绿色、舒适的城市空间。
界面控制：本规划地块应强调外部环境的协调与空间渗透，以丰富街道两侧的建筑空间，体现现代城市氛围。
建筑风格：学校建筑以活泼为主，色彩丰富；医疗建筑简洁明快，同时与中心区整体建筑风格保持一致。
建筑色彩：学校建筑色彩采用暖色调，医疗建筑采用冷色调。
环境要素：环境设计要与建筑风格相协调，点、线、面相结合。
环境要素设计规定
重点：与整体环境相调和，有整体形式和风格、增强场所的自明性和空间的舒适性。
1、主要开放空间的设计应突出领域性和标志性。其他公共空间的铺装设计应与其配合，营造富于情趣的城市公共空间。
2、街区内的背景树种可以延续街道的代表树种，建立空间的视觉连续感和特征统一性。公共开放区域可适当选取有特色的绿化植物。
3、标识用语和图案应简洁、明确，颜色搭配应重点突出。所有标识均应考虑夜晚的可辨别性。
城市设计图则
通则
城市设计图则是用地开发控制图则的配套文件，用来规定和引导土地开发已形成高品质的城市空间。
城市设计控制图所表达的内容是各地块开发必须遵守的开发准则。
城市设计规定中的各项条文是针对地块开发的分系统规定。
城市设计引导中的各项条文是开发建议，可以参照实行。
本图则内容为对街区形体环境方面的指导性规定。
图例
标志性建筑开放空间
沿街后退指定留设带状开放空间
指定留设邻里开放空间
指定公共活动轴
韵律界面
行人休憩聚集点
城市设计控制图
项目名称
阳驿中心区控制性详细规划
审定
校对
审核
设计
项目负责
专业负责
制图
城市设计图则
设计号
图号
日期

图6-7　城市设计引导图

道路照明除按规范保证视线辨别和交通安全需要以外，道路照明应体现道路等级，以具备引导和辨别的功能。特殊的景观道路可通过道路绿化的照明或广告灯箱的处理达到不同的效果。

# 案例二：柳庄乡中心区控制性详细规划的空间控制策略

## 一、柳庄乡中心区基本概况

### （一）区位解读

卫辉市地处河南省北部，太行山东麓，东接浚县，南连延津，西靠辉县市，北至淇县，西北与林州市毗邻，西南和新乡市接壤。地跨东经113°51′—114°19′，北纬35°19′—35°42′之间。卫辉市域边缘西距新乡市区仅5公里，南距郑州105公里，向北66公里到安阳，东距濮阳69公里，北至北京590公里。

柳庄乡位于卫辉市南部，北依卫辉市区，东邻后河镇，南临延津县，西与孙杏村镇隔孟姜女河相望，新范公路横贯东西，卫延公路纵穿南北，京珠高速公路、济东高速连接线斜跨全境，村村通、村内通道路全部硬化。全乡下辖19个行政村，2012年，全乡总人口32002人，其中，农业人口28729人，辖区总面积38.86平方公里，其中基本农田2261.02公顷，一般农田586公顷。

柳庄乡中心区位于整个柳庄乡域的北部，紧邻卫辉市市区。用地范围为：北至新濮公路，南至李进宝屯社区南边界，西至八里庄附近，东至党校附近，共334.64公顷。

### （二）规划区范围及人口

柳庄乡原中心区常驻人口为1610人，随着中心区搬迁至新濮公路以南区域，城镇的不断发展，建成区框架将随之拉大，受卫辉市经济辐射范围也将扩大，规划期内周围村庄的人口将会逐步归入中心区。

本次规划人口基数取现状中心区人口之和，取数值为2812人（主要包括李进宝屯村和边庄村）。根据上位规划的发展要求，将对村庄进行整合，整合后李进宝屯村和边庄村将容纳原李进宝屯、董庄、王彦士屯、许屯和边庄、西王彦士屯、八里庄、庞庄的所有人口，共 11878 人。

### (三)土地利用现状及建设现状

1. 土地利用现状

柳庄乡现状中心区主要包括李进宝屯社区和边庄社区，人口现状为 11878 人(含搬迁村人口现状)，现状建设用地为 267.62 公顷。建设用地较为分散，且多为低层建筑，土地开发利用强度低。现状居住用地主要集中在中心区边庄和李进宝屯村，是以村民住宅为主的三类用地，居住环境质量与土地利用率均较低。

但正在建设的边庄社区和李进宝屯社区是两个新型农村社区，规划较为完整，环境质量和土地利用率都较高，具有保留价值(见图 6-8)。

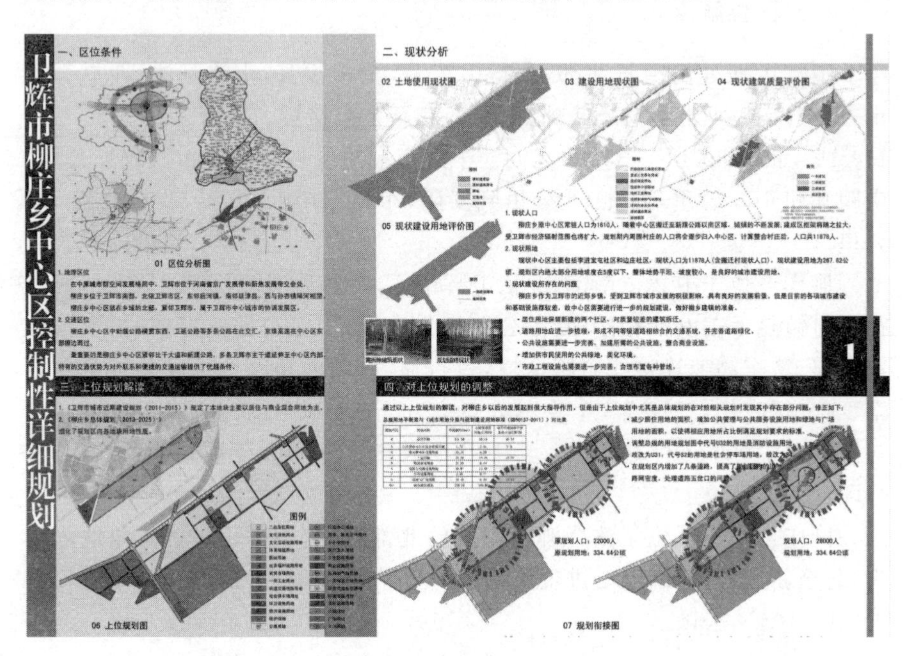


图 6-8　卫辉市柳庄乡中心区详细规划图

2. 现状公共设施

目前道路主要有两条，分别是新濮公路和比干大道。这两条道路既承担着中心区主干道的功能又承担着中心区对外交通的功能。李进宝社区内有完小一座，学生上学比较方便，但用地面积不够，缺少足够的体育教学场地。行政管理设施主要包括乡政府、粮管所、派出所等几处，且已集中在乡政府附近，基本满足方便群众办事和政府不同部门之间的联系。现状商业设施主要沿着新濮公路和比干大道两侧呈线性布置，且规模都较小，难以满足居民的使用要求。没有成形的贸易市场，集市贸易多在新濮公路交叉口附近，不仅影响市容也影响交通。其余公共设施和基础设施暂未配备。

基于现状调研后的总体评价得出，柳庄乡作为卫辉市的近郊乡镇，受到卫辉市城市发展的积极影响，具有良好的发展前景。但是目前的各项城市建设和基础设施都较差，故中心区需要进行进一步的规划建设，做好撤乡建镇的准备。

(1)居住用地保留新建的两个社区，对质量较差的建筑拆迁。

(2)道路用地应进一步梳理，形成不同等级道路相结合的交通系统，并完善道路绿化。

(3)公共设施需要进一步完善，加建所需的公共设施，整合商业设施。

(4)增减供市民使用的公共绿地，美化环境。

(5)市政工程设施也需要进一步完善，合理布置各种管线。

## 二、中心区控规的发展策略

### (一)发展方向

柳庄乡中心区位于整个乡域的西北部，靠近卫辉市城区，在规划区范围内的用地相对比较平坦，坡度较小，在地质条件允许的情况下均可作为建设用地。

目前新濮公路在中心区西北边经过，翟阳线南北向穿越中心区，是中心区对外联系的两条主要交通干道。

规划期内，城镇以向北卫辉市方向发展为主，东、西两个方向发展为辅。

### (二)发展原则

(1)坚持前瞻性与可操作性的有机统一。既要立足当前实际，使规划具有可操作性；又要充分考虑发展的需要，使规划具有一定的超前性，并与柳庄乡总体规划发展目标紧密结合。

(2)居住主要以安置原柳庄乡中心区居民和整合的村庄为主，承接卫辉市外迁人口为辅，形成近郊综合服务性宜居城市。

(3)产业以高效农业、农副产品加工为主，商业以集市贸易为主。

(4)落实卫辉市近期规划规定的市场、公交站场和停车场的布置，与卫辉市的规划呼应、衔接。

(5)弹性共享原则,在用地规划上留有足够的弹性,综合分析中心区的配套设施,完善规划区内的配套设施,并与周边区域共享。

### (三)发展理念

本次规划提出“整合发展、集约高效、空间正义”的规划理念。

1. 整合发展

柳庄乡中心区在功能和空间上与卫辉市新区建设以及柳庄乡域的发展进行整体统筹,使柳庄乡的乡镇建设与卫辉市的城市建设各有侧重又互相依托,在卫辉市城市化的带动下形成一个高能量、充满活力的乡镇中心区并辐射整个乡域,满足城市更新,产业、空间升级的战略要求。

2. 集约高效

鉴于之前的中心区建设利用率过低的现状,根据不同区位土地的开发潜力安排适宜的用地功能,尽可能保持紧凑集约的用地形态。同时,以市场化和社会化经营为导向,生活居住和工业配套服务设施遵循集中布局、共享使用的原则,减少重复建设,保障现代化城区的高效运行。

3. 空间正义

根据“空间正义”这一创新理念,全面贯彻新型城镇化的指导思想,在规划过程中注重预防城市空间不均衡建设、弱势群体空间边缘化、绿化和基础设施不能公平均等利用等问题,从而从城市建设的源头预防空间剥夺、空间隔离和贫民窟等由城市空间问题引发的社会问题的产生。并使城市公共服务设施能够方便、合理、公平地为所有居住人群使用。

### (四)发展定位

柳庄乡总体规划对于本规划区的目标定位在:以建设发展生态高效农业、集市贸易和农副产品加工为主,把柳庄乡中心区建设成为产业兴旺、经济繁荣、设施完善、功能健全、环境优美、社区职能互补、生态质量优良、具有地方特色和舒适宜人的人居环境的镇域现代化集镇。

故本次规划对于中心区的发展定位总结为:以高效农业、农副产品加工、集市贸易为主的,近郊宜居服务型中心区。

## 三、柳庄乡中心区规划结构及用地布局规划

### (一)规划结构

规划形成“两心、四轴、七片区”的布局结构。

(1)两心:综合服务中心+综合服务副中心。在新濮公路和振兴路交会处附近形成综合服务中心,布置商业金融、文化娱乐、医疗服务、教育科研、城市绿地等多元的城市功能,服务中心区中各种人群。

由于规划区较为窄长,根据空间正义的理论,为保证城市边缘地区的空间公平和均衡建设,在新濮公路和仙霞路交汇路附近形成综合服务副中心,布置较中心区规模较小的各类城市用地,服务离中心区较远的人群。

(2)四轴:生活主轴+两条生活次轴+交通轴。生活主轴主要以新濮公路为依托,横贯东西,联系创业园区、集市贸易等产业、综合服务中心、副中心和两大社区,在中心区现状的基础上发展建设而成。

两条生活次轴是振兴路和仙霞路,这两条道路分别是从卫辉新城的景观中心和新城较为重要大公路延伸到柳庄乡中心区内并分别与中心区的综合服务中心和综合服务副中心相连,相对承担了较多的人流,故为生活次轴线。

交通轴是卫辉市的两条主干道瞿阳路和比干大道及在中心区内的延伸和佳慧交会。由于连接了卫辉市的主干路,承接了较大的人流车流,其交通疏散的作用较为重要。

(3)七片区:以路网为分割将用地分为七大片区,分别是:创业园区、交通枢纽区、边庄社区、中心综合服务区、李进宝屯社区、中心综合服务副中心区和商贸区。根据功能又可归类为五大功能区:创业园区、交通枢纽区、生活区、服务区和商贸区。

### (二)用地布局规划

#### 1. 居住用地(R)

柳庄乡中心区规划居住用地为117.66公顷,占规划建设用地比例为35.16%。规划区的居住用地沿新濮公路布局在中心区的中部,位于创业园区、交通枢纽区、商贸区的中间,有利于各类产业的就近居住。整体上以振兴路、振中路、兰亭路为界,分为四个居住组团,南边两个组团建筑以小高层住宅为主体,多层为辅;北边两个组团建筑以在各户宅基地上统一规划的集

体住房为主体，以多层住宅为辅。在各居住小区中央位置，集中配置了小区级综合服务中心、小学、幼托和休闲公共绿地，以满足居民日常生活的基本需求，其中，边庄社区和李进宝屯社区均为比较集中的拆迁安置地。

2. 公共设施用地(A)

柳庄乡中心区规划公共管理与公共服务设施用地 17.48 公顷，占规划建设用地比例为 5.22%。中心区的公共管理与公共服务设施用地主要包括行政办公、文化设施、教育科研、体育、医疗卫生、社会福利等类型(见表 6-1)。

(1)行政办公用地主要包括政府、社区管理、党校

政府位于新濮公路与振中路的交叉口的东南角，占地 1.98 公顷；社区管理用地位于李进宝屯社区的中心绿化东边，占地 0.55 公顷；党校位于新濮公路与仙霞路交叉口以北，占地 0.69 公顷。

文化设施用地主要包括图书展览设施和文化活动设施。

图书展览设施指公共图书馆，位于振兴路与天宝路交叉口东北角，占地 0.92 公顷。

文化活动设施包括一个综合文化活动中心，位于新濮南路与振中路交叉口西边，占地 0.87 公顷；一个社区文化礼堂，位于天宝路与兴华路交叉口西北角，占地 0.63 公顷；一个社区文化活动中心，位于李进宝屯社区中心绿化南边，占地 0.37 公顷；一个文化馆，位于新濮公路与卫辉南路的交叉口的西南角，占地 0.55 公顷。

(2)教育科研用地主要包括中小学用地

其中包括三所小学和两所城镇级的幼儿园，一个规模为 12 班的小学服务边庄社区及部分其他居住，位于比干大道中段，与一个 9 班幼儿园用地共同占地 1.41 公顷；一所规模为 12 班的小学服务与中心综合服务区及周边，位于天宝路与振兴路交叉口东北边，占地 0.92 公顷；一所 18 班小学服务于李进宝屯社区及副中心综合服务区，位于李进宝屯中心绿地北边，占地 1.16 公顷；一所 12 班幼儿园位于李进宝屯中心绿地南边，占地 0.55 公顷。

(3)体育用地主要两个体育场馆设施

体育场馆主要包括一个 400 米标准运动场，位于振兴路与新濮公路的交叉口南部，占地 1.51 公顷；一个体育馆，位于新濮公路与仙霞路交叉口南部，占地 0.87 公顷。

(4)医疗卫生用地

主要包括两个医院和一个卫生防疫站。其中一个小型医院为 100 床位左右的规模，位于中心综合服务区内，天宝路与振兴路交叉口西北角，服务

于南边的两个居住组团，占地0.92公顷；另一个小型医院为50床位左右的规模，位于副中心综合服务区内，仙霞路与紫云路交叉口东北角，服务于北边的两个居住组团，占地0.58公顷。一个卫生防疫站，位于居住区的中部，新濮大道中段，服务于整个中心区，占地1.26公顷。

(5)社会福利用地

主要包括两个敬老院。其中一个位于边庄社区中心绿地南部，服务于南边的两个居住组团，占地0.50公顷；另外一个位于兰亭路与新濮南路交叉口东北角，服务于北边的两个居住组团，占地1.43公顷。

**表6-1　公共管理与公共服务设施配置一览表**

| 用地性质 | 设施分类 | 用地面积(公顷) | 所在地块 | 备注 |
|---|---|---|---|---|
| 行政办公 | 政府 | 1.98 | J-01-02 | 1处 |
| | 社区管理 | 0.55 | K-01-02 | 1处 |
| | 党校 | 0.69 | N-01-03 | 1处 |
| 文化设施 | 图书展览设施 | 0.92 | H-01-06 | 1处 |
| | 文化活动设施 | 0.63＋0.87＋0.37＋0.55 | F-01-04，I-01-03，K-01-07，N-01-04 | 4处 |
| 教育科研 | 中小学 | 1.41＋0.92＋1.16＋0.36 | F-01-06，H-01-07，K-01-01，K-01-08 | 4处 |
| 体育 | 体育场馆 | 1.51＋0.87 | G-01-04，M-01-06 | 2处 |
| 医疗卫生 | 医院 | 0.92＋0.58 | G-01-05，N-01-06 | 2处 |
| | 卫生防疫站 | 1.26 | I-01-05 | 1处 |
| 社会福利 | 养老院 | 0.50＋1.43 | F-01-07，M-02-02 | 2处 |

3. 商业服务业设施用地(B)

柳庄乡中心区规划商业服务业用地23.30公顷，占规划建设用地比例为6.96%。商业服务业设施主要包括商场超市、银行证券、保险、信用社、贸易及商务办公、餐饮、美容、洗浴、宾馆等多个种类(见表6-2)。

在规划区内中心区的商业服务设施主要沿新濮公路分布，共占地14.45公顷；其余没有分布在新濮公路周边的商业服务业设施用地一个较大的商业市场分布在中心综合服务区内，振兴路与天宝路、新濮南路交叉口的中间地带，占地 3.34 公顷；一个商业办公楼位于比干大道与新浦南路交叉口处，占地 0.50 公顷；一个商场超市位于仙霞路与紫云路交叉口西北角，占地 0.87 公顷。

中心区北部的商贸区位于卫辉南路以北地区，分为两大地块，共占地 5.91 公顷。

**表 6-2　商业服务业设施配置一览表**

| 用地性质 | 设施分类 | 用地面积（公顷） | 所在地块 | 备注 |
|---|---|---|---|---|
| 商业金融 | 商场超市 | 1.17 ＋ 0.50 ＋ 1.20 ＋ 0.50 ＋ 9.50 ＋ 1.41 ＋ 0.67 ＋ 0.87 ＋3.34 | F-01-02，F-01-09，G-01-02，H-01-02，I-01-04，J-01-04，M-01-02，M-01-07，H-02-01 | 9 处 |
| | 银行证券、保险、信用社 | | | |
| | 贸易及商务办公 | | | |
| | 餐饮、美容、洗浴 | | | |
| | 宾馆 | | | |
| | 商贸区 | 4.98＋4.93 | 0-01-01，0-01-02 | 2 处 |

4．工业用地（M）和物流仓储用地（W）

柳庄乡中心区规划工业用地 43.94 公顷，占规划建设用地比例为 13.13%。规划物流仓储用地 20.40 公顷，占规划建设用地比例为 6.10%。

工业用地和物流仓储用地位于中心区南部创业园区内，具体性质为农民创业产业园。其中规划了大量厂房和仓储用房，并配套建设了综合办公区、科技研发区、农民培训区和创业园农业示范区和一个垃圾处理站。

5．公用设施用地（U）

柳庄乡中心区公用设施用地 2.59 公顷，占规划建设用地比例为 0.77%，其中规划了两个垃圾处理厂和一个消防站。

两个垃圾处理厂分别位于创业园区内部，工业二路与新濮南路交叉口北角和商贸区周边，卫辉南路和新濮南路交叉口西角，并结合防护绿地布置；消防站位于中心区中间，新濮公路的中间段，新濮南路与振兴路交叉口北，根据《城市消防站建设标准（2011 版）》（建标 152—2011）建设二级普通消防站。

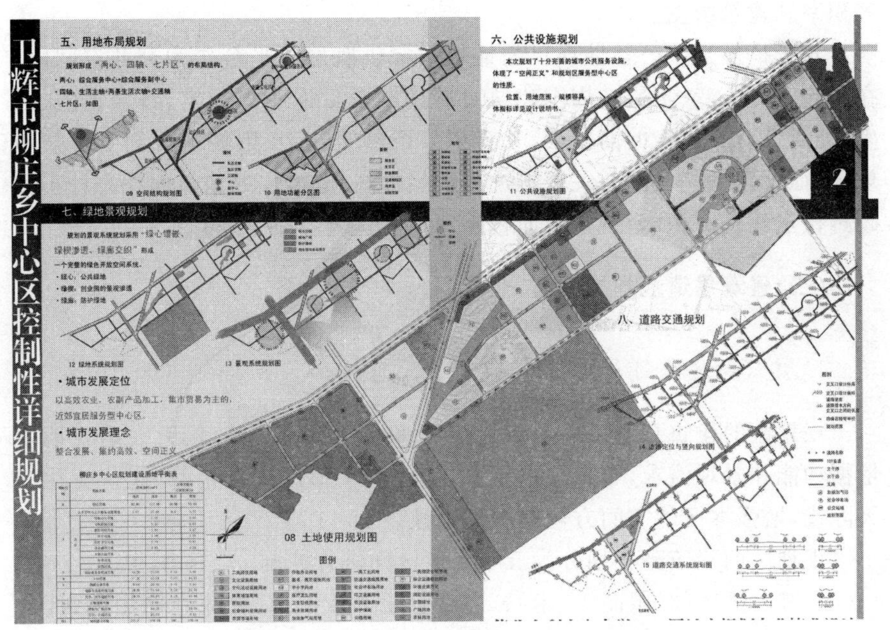


图 6-9　卫辉市柳庄乡中心区用地规划图

## 四、柳庄乡中心区空间形态控制

### (一)地块开发强度控制

1. 地块建设容量控制

规划区内的开发建设应符合图则上标注的有关规定。除工业用地外各类建设用地的容积率、建筑密度、建筑限高为上限指标，原则上任何建设不得高于《地块规划控制指标一览表》的规定(有特殊规定除外)。

规划区的地块开发强度控制分六档：超低强度开发(容积率≤0.5)，低强度开发(容积率≤0.8)，中低强度开发(容积率≤1.2)，中等强度开发(容积率≤1.5)，中高强度开发(容积率≤2)，高强度开发(容积率≤3)。

工业用地依据相关规定，建筑密度不应小于30%，绿地率不应大于25%(见中心区空间控制图则)。

2. 容积率奖励和补偿规定

同类使用性质的相邻地块因成片开发需要，经城市规划行政主管部门同意后，原规划所规定的容积率和建筑密度可互相转让，但不得改变其平均容积率和建筑密度。

对于提供某些公益性项目的地块及提供底层或平台作为公共空间的，在建筑密度不变、不影响周围建筑日照间距及后退距离规定、符合消防、卫生、交通等有关规定的前提下，其容积率可参照《新乡市城市规划管理技术规定(征求意见稿)》的有关规定进行适当提高，但增加的建筑面积总计不得超过核定建筑面积(建筑基地面积乘以核定建筑容积率)的30%。

### (二)建筑建造规划控制

#### 1. 建筑高度控制

规划区的建筑高度总体上以低层和多层建筑为主体，同时在重要地段依据功能和景观需求，布置少量小高层，有利于形成高低错落、起伏变化的天际线，增强本区的空间方位感和识别性。

规划区的建筑高度划分为五个高度区间进行控制。

一级高度区间(限高12米)：主要包括工业用地、物流仓储用地、部分公共管理与公共服务业用地，交通设施用地、公用设施用地等；

二级高度区间(限高24米)：主要分布在部分二类居住用地、部分工业用地和部分公共设施用地中；

三级高度区间(限高36米)：主要是位于另外一部分二类居住用地，行政办公用地；

四级高度区间(限高45米)：主要是普通的商业用地；

五级高度区间(限高60米)：主要是形成城镇标志性景观建筑的控制高度。

同时，建筑物的高度必须符合日照、建筑间距、消防等方面的要求。沿路一般建筑的控制高度(H)不得超过道路规划红线宽度(W)加两倍建筑后退距离(S)之和，即$H \leqslant W+2S$。

#### 2. 建筑后退控制

沿建设用地边界(或用地红线)和城市道路、公路、河道、山体两侧以及电力线路保护区范围内的建筑物，其退让距离除必须符合消防、防汛和交通安全等方面的要求外，应同时符合表6-3、表6-4中的相关规定。

道路交叉口四周的建筑物后退道路规划红线的距离，除经批准的详细规划另有规定外，多、低层建筑不小于8米，高层建筑不小于10米(均自道路规划红线直线段与曲线段的连接点算起)。

表 6-3　建筑后退用地红线距离控制指标

| 建筑类别 | 多层 | 高层 |
| --- | --- | --- |
| 多层 | 5 | 10 |
| 高层 | 10 | 10 |

表 6-4　建筑后退道路红线控制指标

| 道路类别 | 主干路 | 次干路 | 支路 |
| --- | --- | --- | --- |
| 建筑后退红线距离 | 10 | 8 | 5 |

### (三)城市设计控制

1. 城镇风貌定位

整体风貌定位为“融合现代产业景观和新型社区的乡镇中心区”。

2. 城市设计结构

中心区的城市设计结构由一条景观轴线、两大景观分区、四大景观节点、一处景观标志性建筑物等要素构成。

景观轴线：规划以创业园区的景观、两大社区中心绿化和中心综合服务区的大型公园绿化景观为主体，串联其他各小型公园绿化景观形成中心区的景观轴线。在此轴线上，景观节点有大有小，元素各有不同，包括公园绿地、广场、居住区绿化、创业园区绿化景观，轴线上景观元素丰富。

景观分区：根据用地功能分析，规划形成西南部的创业园区、交通枢纽区的综合生产景观区，景观较为开放，建筑以现代简约的工业建筑和科技建筑为主基调，形成具有强烈科技文化特征的现代产业景观风貌；东北部形成城镇生活景观区，以居住建筑为主体，并结合生态绿廊、居住区绿化等形成亲和自然、温馨雅致的绿色家园。

景观节点：规划在创业园区，边庄社区，李进宝屯社区，中心综合服务区内部各形成一个中心景观节点，展现繁荣、时尚的城市中心景观。

景观标志：规划在中心综合服务区中，也是城市的中心地段建设一个结合高层商务办公、居住与商业步行街、广场相结合的综合商业建筑，以其建筑的特殊性、高度、建筑造型，构成规划区内部的标志性景观节点。

### 3. 建筑景观引导

(1)公共建筑

公共建筑色彩可采用灰白、米黄等暖色或中性色调为主色调,局部采用大红、褐色、暖灰等偏暖色调为辅色加以对比,体现城市现代感。尤其中心综合服务区的建筑形式适当多元化,形成沿街开敞、适宜步行的商业休闲景观氛围。

(2)居住建筑

居住建筑色彩宜采用米黄、浅黄、暖灰等偏暖的浅色为主色调(不少于50%的外墙面)。注重邻里街道空间和住宅组群空间的适度围合感,塑造安宁温馨的社区生活氛围。

(3) 工业建筑

工业建筑色彩宜采用灰白等中性色调为主色调,体现产业区的现代感,应体现现代产业高效、洁净环保等特点,建筑单体以低层、多层为主,形体不宜复杂。沿瞿阳路和新濮公路等重要路段应注重厂房立面的景观效果,保持一定的绿化通透性。

### 4. 广告标示设计引导

在规划的开敞通道所在街道,一些漂亮的标示可以主导建筑创造一个活泼生动的商业环境,但要求标示离开街道水平不应超过 12 米,标示不应设置在窗前,应在建筑的轮廓内,不能打破建筑轮廓线,标示尽量采用视觉柔和,即不刺眼、不闪烁的灯光。

### 5. 重点地段城市设计引导

规划新濮公路沿线通过建筑高度与形体的控制、自然环境的保留与改造,营造出丰富变化的天际轮廓线。

中心综合服务区作为城市的中心地带,作为城市设计的重点地段应注意其城市空间的具体设计。其中沿街商业以部分建筑形式统一为主,形成连贯的商业步行街形态,中心的两个城市公园和广场应以方便居民游憩休闲的作用为主,与其他公共建筑组合相呼应,突出中心综合服务的作用;周边布置的居住组团形态尽量统一并形成向心性,突出中心建筑的重要性,其自身内部也应注意其建筑布置形态、绿化和交通的组织。

# 第七章　小城镇空间形态的修建性详细规划设计案例

新型农村社区是我国在新型城镇化建设过程中在小城镇及乡村实行的一种创新性的改革实践成果。新型农村社区建设，既不能等同于村庄翻新，也不是简单的人口聚居，而是要加快缩小城乡差距，在农村营造一种新的社会生活形态，让农民享受到跟城里人一样的公共服务，过上像城里人那样的生活。

但是，我们也看到，在新型农村社区建设过程中出现了很多问题，最根本的在于如何正确理解“过上像城里人那样的生活”的本质含义。很多地区从形式上盲从于“城里人”的生活，按照城市居住区的方式和城市建设的方式打造乡村的新型社区，这就从根本上违背了新型农村社区建设的初衷，也破坏了乡村社会延续了数代的“遗传基因”系统，对于乡村社会的可持续发展的破坏是不可逆的。而停滞不前，畏首畏脚的做法显然也无法满足快速城镇化发展的需要，改善乡村居民对于生产力发展和高质量生活追求的需要。因此，通过对原有存在要素的合理分析，适应“遗传基因”系统自身发展需要，制定科学合理的修建性规划设计在指导社区建设实践中是十分必要的。本章通过对传统古镇社旗镇城郊乡祥和社区的建设案例的详细介绍，阐述在尊重地域历史文脉的原则下，依据小城镇自身发展基因规律的社区建设策略与方法。

## 一、规划背景及范围

社旗县位于河南省西南部，南阳盆地东沿，县城所在地社旗镇，史称赊店，因东汉时刘秀举义兵赊旗而得名，历史上与景德镇、佛山镇、朱仙镇齐名，为全国的四大商业重镇之一。县城内 72 条古街道保存完好，构成中原最大的清代建筑群，其中规模最大的清代一条街尤为完整。首批国家文物一级保护单位——山陕会馆，造型奇特，气势恢宏，木石雕刻精妙绝伦，集中外建筑雕刻之精华，堪称全国一绝。社旗1965年11月建县经国务院批准，周恩来总理亲自题名建立社旗县，寓意“社会主义旗帜”。

社旗县城郊乡位于县城南部，东南西三面环城。乡政府所在地紧邻县城，中间以赵河为界，属于县城城区发展规划区。为了改善农民的生活状态，提高城镇化水平，走新型城镇化、三化协调发展道路，在河南省人民政府《关于推进城乡建设，加快城镇化发展的指导意见》《河南省城乡建设三年大提升行动计划》及河南省《关于促进新型农村社区集聚式发展的指导意见》的指导下，社旗县城郊乡依据自身条件，经过县领导的审批，决定进行村庄整合，建设新型农村社区。它符合《国务院关于支持河南省加快建设中原经济区的指导意见》的时代背景和“农村支持城市，农业支持工业”转变为“城市支持农业，工业反哺农业”的历史背景。

此次祥和新型农村社区建设，以全乡范围考虑村庄迁并重新选址建设为整合思路，社区选址位于城郊乡乡政府所在地的西端，县规划区的西南。北至纬一路，东至北京路，西至高寨村，南到规划省道S333，总占地面积为392.25公顷，合5884亩，包括原有县城的建设用地173.27公顷、农村社区新增的建设用地212.08公顷和水域6.90公顷。近期规划用地面积为58.31公顷，合875亩，位于社区建设用地范围的中北部，东起经一路，南邻纬三路，西到铁庙村西侧，北到纬一路位置（图7-1）。随着县城的南扩、产业集聚区的发展和社区规模效益的凸现，本次规划新型农村社区将会成为城郊乡产业集聚区服务建设的高地和环境优美的居住区，对于城郊乡的新型城镇化、农业现代化，集聚区的工业现代化和提高社旗县城市建设形象具有重要的意义。

## 二、项目概况

### （一）人口与面积

#### 1. 人口

全乡有汉、回、朝鲜、壮4个民族，辖谭营、孔庄、刘庄、彭岗、代营、双庄、何庙、关寺、埠口、何新庄、贾楼、柳营、望东庄、李林庄、高庄15个行政村，72个自然村，183个村民小组。2011年总人口4.4万人，人口密度每平方公里674人。

2. 面积

乡境东起刘李庄，南到上郭村，西至冷庄，北到陈郎店。东西宽 13.2 千米，南北长 13.9 千米，乡域总面积为 63.96 平方公里。

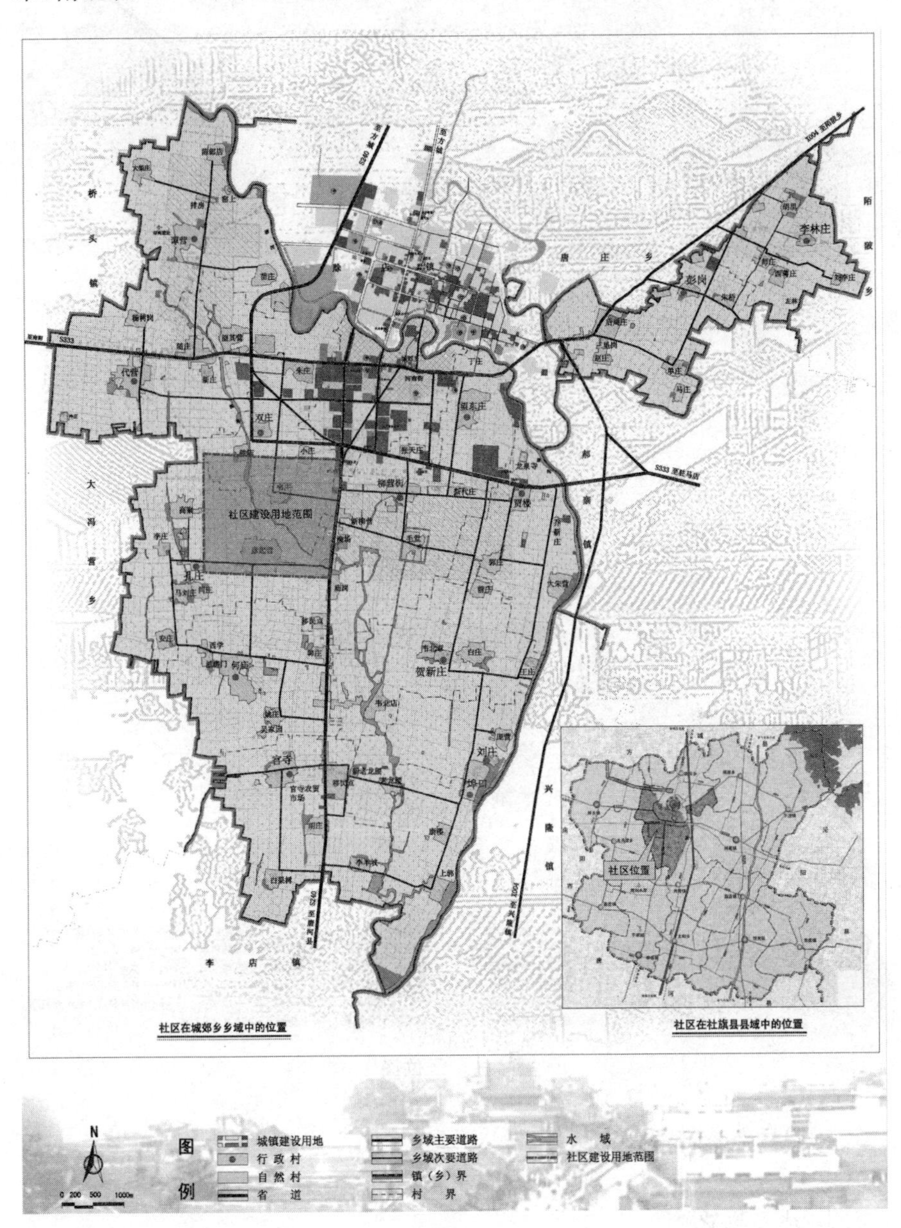

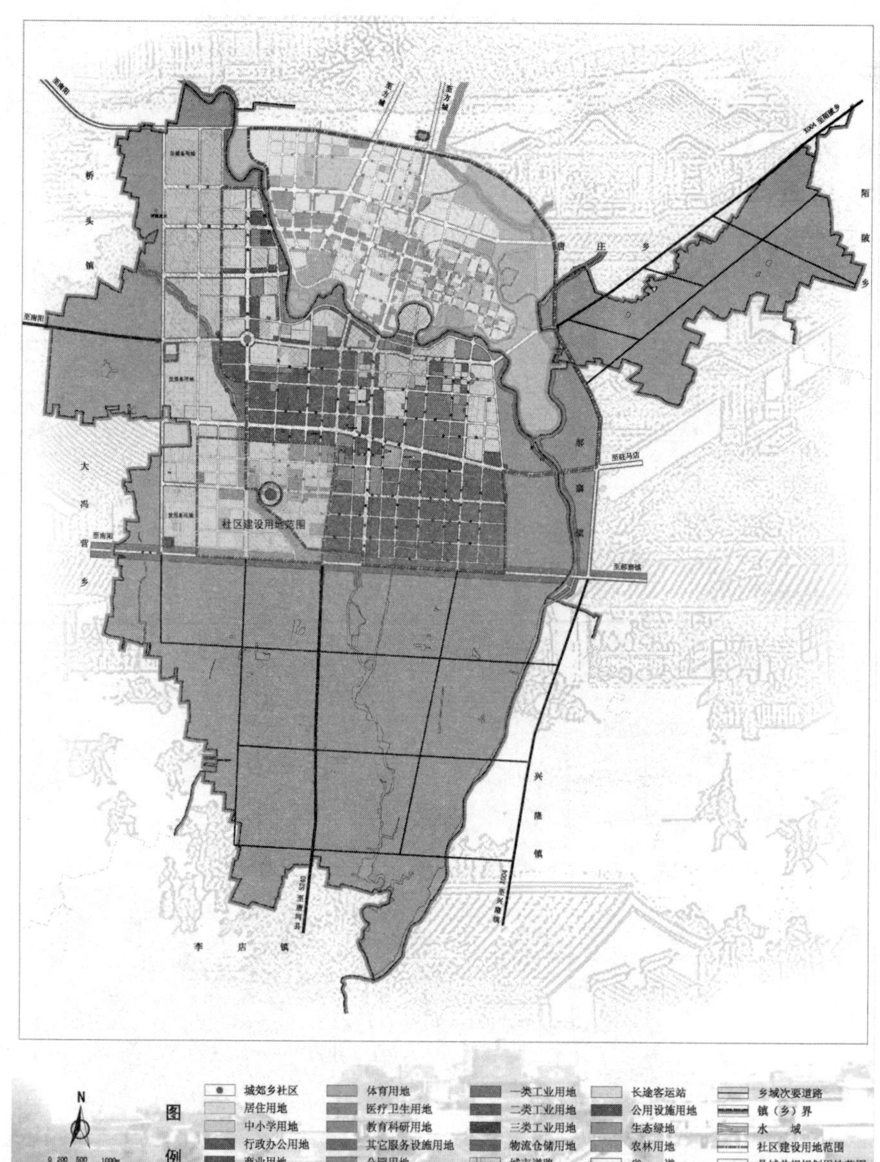


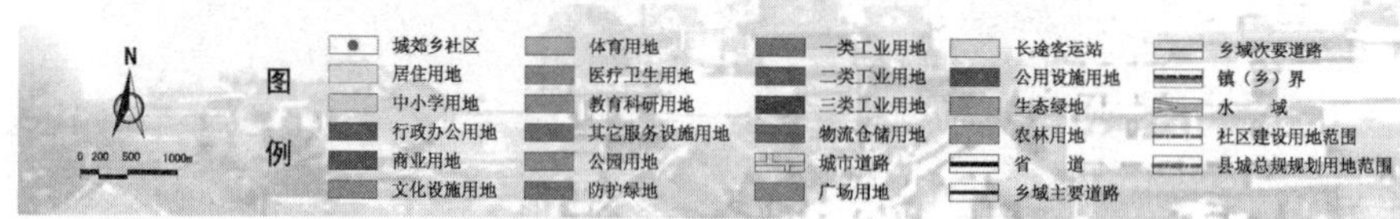


图 7-1 区位图

## (二)自然条件与自然资源

### 1. 地形地貌

城郊乡在大地构造单元上属秦岭地轴南侧,南襄凹陷北缘的一部分。

境内地质处秦岭构造带与新华夏第二沉降带接壤地段，属长构造拗陷区。其周围的主要发震构造有唐河断裂带、南阳构造盆地、环形构造、白河断裂带；控震构造有秦岭—大别断裂带、南召—方城断裂带。按照国家地震局武汉地震大队1978年4月十二号文件，已将南阳划为6°烈度区，社旗为5°烈度区，根据设计要求5°范围一般不予设防，高大特殊工程应考虑抗震问题。

乡境地貌多样，山岗平原兼有。全乡地势东北高西南低，呈南北走向，最高点彭岗村，位于乡境的东北部。东北部多为岗坡地，西部和南部多为平原。土质有砂礓黑土、黄棕壤、潮土，以黄土地为主。

2. 气候水文

城郊乡属北亚热带大陆性季风型气候，季风的进退与四季的替换较为明显。四季气候特点突出，春季干旱而带有大风；夏季炎热雨水较多；秋季多晴而气候凉爽；冬季寒冷而少雨雪。城郊乡又属于亚湿润气候。

城郊乡年平均日照为2003.8小时，年平均气温在14.6℃，一月份最低，平均气温0.5℃，极端最低气温－17℃；七月份温度最高，平均气温27.1℃，极端最高气温41.2℃。年平均降水量841.4毫米，最大降雨量1298.2毫米；最低降雨量为526.0毫米，多雨期为六、七、八月份，少雨期在12月—2月份。城郊乡积雪天数较少，历年平均约8天到9天，历年降雪最早为11月12日，最晚在1月9日。年平均风速为2.9米/秒，年平均8级以上大风9次，地面多东北风和西南风。

城郊乡属长江流域唐白河水系。境内有潘河、赵河、唐河、泥河，大小河流共有4条。潘河、赵河和唐河主要流经境边，潘河是自北向南流向，赵河是自西北蜿蜒向东，流经城郊乡北边界，并在龙泉寺、河口村和北河口村围成的中心区域与潘河交汇于唐河，向南汇入汉水。其中潘河和赵河为城郊乡与北部县城赊店镇的分界线，唐河为城郊乡与东部郝寨镇的分界线。泥河为境内主要河流，自西北流经谭营、随庄、新庄、王其营、铁庙、双庄、望其营、岗庙、韦北店、老龙腰、李半坡等8个行政村、11个村庄。全乡水域面积约133.47公顷。

3. 土地与农作物资源

依据《乡土地利用总体规划》，目前全乡的总土地面积为6396.49公顷。其中农用地（耕地、园地、林地、水面等）面积共5161.48公顷，占80.69%，包括耕地面积4988.51公顷、园地面积22.03公顷、林地面积17.47公顷和水面面积 133.47 公顷。建设用地(居民点用地、交通用地、水利设施用地)面积共 1124.06 公顷,占 17.57%,包括居民点用地 817.26 公顷、交通用地面积 241.47 公顷、水利设施(含水面)用地面积 189.96 公顷。未利用土地 110.95 公顷,占 1.74%。城郊乡农业发达,主要的粮食作物有小麦、玉米、绿豆、大豆等;油料作物有芝麻、油菜、花生等;蔬菜类以萝卜、白菜、大蒜、葱为主;还有烟草、麻类等其他作物。

**(三)民俗风情与旅游资源**

城郊乡三面而围,有中华御酒之乡、刘秀赊旗故地、中国第一会馆、历史文化名镇的赊店古镇,民风淳朴,热情好客,商文化、酒文化凸显。与县城隔河相望,距县老城区不足 200 米,且有两条主干路和两条次干路联通南北乡县驻地,其丰富的旅游资源可作为城郊乡旅游开发资源的延伸,在规划中应予以延续和引导。

此外,境内有一处遗址和两处烈士陵园。

【谭岗遗址】位于城郊乡西 4 公里谭营村南 300 米处的岗上,高出四周地面的 5 米左右。地形为南高北低,东西长 400 米,南北宽 300 米,总面积达 12 万平方米。遗址内容丰富,地表暴露的红烧土、灰土、鼎足等比比皆是。该处为仰韶文化遗址,为省级重点保护单位。

【柳营烈士陵园】位于城郊乡南 1.5 公里柳营街东北处,紧邻省道 S333,位于省道南侧。该处为抗日战争时期的烈士陵园,东西长 60 米,南北长 110 米,总面积为 6600 平方米。

【何庙烈士陵园】位于城郊乡南 4 公里处,紧邻省道 S240,路东。该处为宛东战役烈士陵园,东西长 30 米,南北长 15 米,总面积为 450 平方米。

**(四)经济概况**

乡政府按照县委、县政府发展经济的要求,以农民增收、农业增效、财政增强为目标,解放思想,更新概念,大力推进农业产业结构调整,不断加大招商引资力度,促进非公有制经济加速发展。至 2011 年底,国内生产总值达到 19631 万元,工业增加值达到 4623 万元,固定资产投入达到 3070 万元,财政收入达到 168.6 万元,农民人均收入达到 3295 元,全乡形成经济林、蔬菜、花卉、畜牧养殖和民营经济齐头并进,蓬勃发展的良好势头。

城郊乡把发展杨树经济作为农业产业结构调整新的突破口,动员广大干群,以速生杨为主,集中力量发展通道林、片林、围城林、沿河造林等,造林面积7000亩。在巩固代营、望东庄、柳营三个老蔬菜基地的基础上，不断加大科技投入和资金投入，积极引导农民以市场为导向，种植反季节蔬菜和露地蔬菜，实行净菜上市。同时又发展了贾楼、双庄、刘庄等村蔬菜面积，全乡蔬菜面积达到15200亩，年产值达到400万元，初步形成官寺、望东庄、代营等几个中小型蔬菜交易市场。城郊围绕郊区农业做文章，引导河南省农民种花卉，以鲜切花、盆栽花为主，满足城镇居民生活需求，目前已发展到500余亩，年亩效益达3000元以上。畜牧业发展已形成了2个养殖小区和1个沿岗养殖带，即：彭岗养殖小区、韦北店养殖小区及沿方枣路养殖带，包括官寺、韦北店、何庙、柳营、彭岗、望东庄6个养殖专业村，拥有养鸡、养羊、养猪、养牛专业场85个，专业户600余户。其中育肥牛存栏6000余头，奶牛存栏400余头，生猪存栏34856头，羊存栏12726只，鸡存栏12万只，整个养殖业年产值达3800万元以上。

可见，目前全乡以发展农业为主，小麦和玉米是主要的粮食作物，蔬菜种植为辅。林业、畜牧业也发展迅速，经济林、蔬菜、花卉、畜牧养殖齐头并进。此外，乡政府大力推进农业产业结构调整，积极招商引资，近期已经拟定建设芦笋、玫瑰、药材等特色种植园，推进农业现代化。

### （五）村庄建设

#### 1. 村庄布局

城郊乡地势平缓，以平原为主。村庄呈团块状布局，具有河流和交通导向性，每百平方千米的村庄个数为83个，平原地区村庄分布特点显著。

#### 2. 人口分布与土地使用情况

全乡总面积为9.59万亩，总耕地面积为6.31万亩，农民人均耕地1.4亩。全乡共有15个行政村，72个自然村和183个村民小组，总人口为4.4万人。全乡村庄占地面积为774.61公顷（11619.22亩），人均村庄建设用地面积为176平方米。

#### 3. 住宅现状情况

据统计，全乡村民人均住宅面积为42平方米。

表 7-1　各村经济概况汇总表

| 行政村庄名称 | 自然村庄 | | 主要的产业 | 农业总产值 | 农民人均纯收入 | 水泥路面 | 硬化路面 | 打机井 | 备注 |
|---|---|---|---|---|---|---|---|---|---|
| | 个数 | 自然村 | 农业 | | | | | | |
| 双庄村 | 7 | 吴朝庄、南朱庄、双庄、小庄、韦庄、铁庙、望其彦 | 以小麦、玉米为主 | 432 万元 | 2400 元 | S333—韦庄—S240，总长 2.5 公里 | 朱庄西至朱庄东、铁庙至小庄两条路，总长 3 公里 | 6 眼 | 望其营二元猪养殖厂，培养奶牛养殖大户 4 户，养牛达 5 头以上。种植片林、通道林 530 亩 |
| 孔庄村 | 7 | 安庄、马刘庄、闫庄、李庄、高寨、孔庄、彦其营 | 以小麦、玉米为主 | | | 铺设 S240—孔庄小学—高寨 4 公里 | | | 养猪大户 9 户，每户养猪 50 头以上，养羊大户王艳平，养羊 40 头以上。种植片林、通道林 460 亩 |
| 高庄村 | 2 | 官寺点 | | | | | | | |
| | | 柳营点 | | | | | | | |
| 官寺村 | 4 | 白果树、李半坡、胡庄、官寺 | 以小麦、玉米为主 | 434 万元 | 2320 元 | 铺设了 S240 至官寺村西 1.5 公里 | | | 全村种植迅速生杨 300 亩。培养养猪大户 9 户，每户养猪达 100 头以上，养鸡大户 2 户，每户养鸡达 1000 只以上 |

续表

| 行政村庄名称 | 自然村庄 | | 主要的产业 | 农业总产值 | 农民人均纯收入 | 水泥路面 | 硬化路面 | 打机井 | 备注 |
|---|---|---|---|---|---|---|---|---|---|
| | 个数 | 自然村 | 农业 | | | | | | |
| 柳营村 | 6 | 柳营、代庄、张天庄、毛台、庙岗、新柳营 | 以小麦、玉米为主 | 408 万元 | 2450 元 | 铺设 S240—毛堂、张天庄—毛堂两条水泥路面，总长 2.6 公里 | | | 全村种植通道林、片林 600 多亩。同时培养养猪大户 4 户，每户养猪达 300 头以上，养奶牛大户 2 户 |
| 望东庄 | 2 | 望东庄、丁庄 | 以小麦、玉米为主；蔬菜以萝卜、圆白菜为主 | 150 万元 | 3256 元 | | | 12 眼 | 种植通道林、沿河造林 300 多亩。全村培养养猪大户 1 户，养猪达 600 多头；养牛大户 5 户，每户达 5 头；养羊大户 1 户，养羊 80 多头 |
| 谭营村 | 5 | 陈郎店、大柴庄、排房、谭营、苗庄 | 以小麦、玉米为主 | 362 万元 | 2208 元 | 铺设了排房至陈郎店 0.86 公里 | | | 该村种植片林、通道林 500 亩。鼓励农民大力发展养殖业，已形成有规模的相全贵养猪专业户，养猪达 100 多头 |

续表

| 行政村庄名称 | 自然村庄 | | 主要的产业 | 农业总产值 | 农民人均纯收入 | 水泥路面 | 硬化路面 | 打机井 | 备注 |
|---|---|---|---|---|---|---|---|---|---|
| | 个数 | 自然村 | 农业 | | | | | | |
| 埠口村 | 3 | 埠口、康楼、上郭 | 以小麦、玉米为主 | 290 万元 | 2350 元 | 铺设 S240、—埠口水泥路 4.3 公里 | | | |
| 代营村 | 6 | 代营、杨树岗、随庄、马桥、新庄、冷庄 | 以小麦、玉米为主；蔬菜以大葱、大白菜 | 458 万元 | 2363 元 | | | | |
| 彭岗村 | 7 | 马庄、单庄、赵庄、三里岗、周庄、彭岗、朱桥 | 以小麦、玉米为主 | 328 万元 | 2132 元 | 铺设了三里岗至岗上 0.4KM 水泥路 | | 5 眼 | 沿河造林、片林、通道林 800 亩。全村养牛大户 2 户，每户养牛达 60 头以上；养猪大户 2 户，每户养猪达 60 头以上；养羊大户 2 户，每户养羊达 30 多头；周书忠养鸡达 1000 只以上 |
| 贾楼村 | 5 | 龙泉寺、贾楼、郭庄、大朱营、乔新庄 | 以小麦、玉米为主 | 273 万元 | 2250 元 | 铺设南环路至朱营路段 2 公里水泥路 | | 2 眼 | 种植通道林、沿河造林 400 亩。培养养猪大户 3 户，每户养猪达 200 头以上 |

续表

| 行政村庄名称 | 自然村庄 | | 主要的产业 | 农业总产值 | 农民人均纯收入 | 水泥路面 | 硬化路面 | 打机井 | 备注 |
|---|---|---|---|---|---|---|---|---|---|
| | 个数 | 自然村 | 农业 | | | | | | |
| 何庙村 | 3 | 姚庄、何庄、韩庄 | 以小麦、玉米为主 | 352 万元 | 2306 元 | | | 20 眼 | 种植通道林 200 亩。培养养猪大户 3 户，每户养猪达 100 头以上；养鸡专业户 1 户，养鸡达 2000 只以上 |
| 刘庄村 | 4 | 庞营、刘庄、埠口、老龙腰 | 以小麦、玉米为主 | 312 万元 | 2179 元 | 铺设埠口至刘庄 400 米水泥路路面 | | 2 | 种植通道林、片林 400 亩。全村大力发展养殖业，养鸡达 5000 多只；养猪专业户 5 户，每户养猪达 80 多头 |
| 贺新庄 | 5 | 前庄、王庄、白庄、贺新庄、韦北庄、韦北店 | 以小麦、玉米为主 | 376 万元 | 2300 元 | 贺白庄至贺新庄 540 米水泥路路面 | | 24 | 种植通道林 650 亩，片林 100 亩。全村培养养猪大户 4 户，每户养猪 50 头以上；养羊大户 5 户，每户养羊达 30 头以上；养鸡大户 5 户，每户养鸡达 1000 只以上 |
| 李林庄 | 5 | 李林庄、胡里、师庄、蒋庄、刘庄 | 以小麦、玉米为主 | 281 万元 | 2050 元 | | 硬化了社下路至胡里路段的路面，总长 850 米 | 5 | |

**表 7-2　城郊乡各行政村的人口与村庄建设情况(2011 年)**

| 序号 | 行政村 | 自然村 | 户数(户) | | 人口(人) | | 村庄面积(亩) | | 耕地面积(亩) | | 备注 |
|---|---|---|---|---|---|---|---|---|---|---|---|
| 1 | 彭岗村 | 周庄村 | 106 | 434 | 470 | 1929 | 212 | 914.55 | 1081 | 4515 | |
| | | 彭庄村 | 46 | | 232 | | 102 | | 507 | | |
| | | 朱桥村 | 38 | | 193 | | 72.46 | | 490 | | |
| | | 单庄村 | 96 | | 402 | | 192 | | 960 | | |
| | | 马庄村 | 40 | | 205 | | 90.2 | | 507 | | |
| | | 赵庄村 | 43 | | 207 | | 95.89 | | 512 | | |
| | | 三里岗村 | 65 | | 220 | | 150 | | 458 | | |
| 2 | 何庙村 | 何庙村 | 426 | 595 | 2444 | 3104 | 639 | 930.3 | 4074 | 5165 | |
| | | 小韩庄村 | 32 | | 120 | | 80.32 | | 180 | | |
| | | 姚庄村 | 137 | | 540 | | 210.98 | | 911 | | |
| 3 | 官寺村 | 官寺村 | 390 | 621 | 1864 | 3035 | 546 | 948.6 | 3327 | 5460 | |
| | | 李庄村 | 48 | | 202 | | 110.1 | | 343 | | |
| | | 胡庄村 | 90 | | 467 | | 143.7 | | 828 | | |
| | | 白果树村 | 93 | | 502 | | 148.8 | | 962 | | |
| 4 | 埠口村 | 埠口村 | 180 | 537 | 867 | 2597 | 118.8 | 354 | 1196 | 3585 | |
| | | 康楼村 | 185 | | 880 | | 124.7 | | 1287 | | |
| | | 上郭村 | 172 | | 850 | | 110.5 | | 1102 | | |

续表

| 序号 | 行政村 | 自然村 | 户数(户) | | 人口(人) | | 村庄面积(亩) | | 耕地面积(亩) | | 备注 |
|---|---|---|---|---|---|---|---|---|---|---|---|
| 5 | 李林庄 | 蒋庄村 | 82 | 319 | 350 | 1399 | 123 | 488.7 | 901 | 3690 | |
| | | 湖里村 | 84 | | 370 | | 130 | | 880 | | |
| | | 刘李庄村 | 35 | | 174 | | 56.5 | | 460 | | |
| | | 师庄村 | 79 | | 304 | | 116.8 | | 829 | | |
| | | 李林庄村 | 39 | | 201 | | 62.4 | | 620 | | |
| 6 | 刘庄村 | 刘庄村 | 48 | 578 | 181 | 2121 | 48 | 443.85 | 255 | 3020 | |
| | | 埠口村 | 256 | | 856 | | 153.6 | | 1210 | | |
| | | 庞营村 | 148 | | 578 | | 103.6 | | 803 | | |
| | | 老龙腰村 | 126 | | 506 | | 138.65 | | 752 | | |
| 7 | 贺新庄村 | 贺白庄村 | 189 | 818 | 890 | 3255 | 151.2 | 747.15 | 1420 | 5195 | |
| | | 前庄村 | 114 | | 434 | | 91.2 | | 672 | | |
| | | 王庄村 | 30 | | 120 | | 36 | | 190 | | |
| | | 贺新庄村 | 105 | | 392 | | 105 | | 627 | | |
| | | 韦北章村 | 122 | | 464 | | 159.93 | | 696 | | |
| | | 韦北店村 | 258 | | 955 | | 203.82 | | 1590 | | |
| 8 | 高庄村 | 官寺点 | 244 | 394 | 1115 | 1785 | 150.52 | 240.97 | 1561 | 2499 | |
| | | 柳营点 | 150 | | 670 | | 90.45 | | 938 | | |

续表

| 序号 | 行政村 | 自然村 | 户数(户) | | 人口(人) | | 村庄面积(亩) | | 耕地面积(亩) | | 备注 |
|---|---|---|---|---|---|---|---|---|---|---|---|
| 9 | 望东庄村 | 望东庄村 | 477 | 568 | 1746 | 2096 | 366.75 | 564.15 | 1811.14 | 2094.64 | 已在城区不搬迁 |
| | | 丁庄村 | 91 | | 350 | | 197.4 | | 283.5 | | 已在城区不搬迁 |
| 10 | 贾楼村 | 贾楼村 | 207 | 833 | 862 | 3338 | 134.55 | 533.75 | 822 | 4009.5 | |
| | | 郭庄村 | 164 | | 627 | | 98.4 | | 745 | | |
| | | 大中营村 | 328 | | 1323 | | 200.08 | | 1691 | | |
| | | 乔新庄村 | 93 | | 363 | | 74.4 | | 484 | | |
| | | 龙泉寺村 | 41 | | 163 | | 26.32 | | 267.5 | | |
| 11 | 孔庄村 | 彦其营村 | 369 | 1078 | 1225 | 3837 | 348 | 1080.6 | 1902 | 6431 | |
| | | 高寨村 | 185 | | 639 | | 180 | | 1301 | | |
| | | 孔庄村 | 54 | | 230 | | 70 | | 318 | | |
| | | 马刘庄村 | 184 | | 641 | | 175 | | 1019 | | |
| | | 安庄村 | 114 | | 429 | | 120 | | 781 | | |
| | | 李庄村 | 72 | | 289 | | 85 | | 466 | | |
| | | 闫庄村 | 100 | | 321 | | 102.6 | | 644 | | |

续表

| 序号 | 行政村 | 自然村 | 户数(户) | | 人口(人) | | 村庄面积(亩) | | 耕地面积(亩) | | 备注 |
|---|---|---|---|---|---|---|---|---|---|---|---|
| 12 | 双庄村 | 五朝庄村 | 46 | 1083 | 195 | 4114 | 69 | 1522.2 | 0 | 2862 | 已在城区不搬迁 |
| | | 朱庄村 | 228 | | 891 | | 296.4 | | 280 | | 已在城区不搬迁 |
| | | 双庄村 | 131 | | 504 | | 196.5 | | 55 | | 已在城区不搬迁 |
| | | 小庄村 | 89 | | 327 | | 195.9 | | 332 | | |
| | | 韦庄村 | 195 | | 627 | | 273 | | 1208 | | |
| | | 铁庙村 | 114 | | 400 | | 125.7 | | 640 | | |
| | | 望其营村 | 280 | | 1170 | | 365.7 | | 347 | | 已在城区不搬迁 |
| 13 | 代营村 | 代营村 | 534 | 1188 | 1778 | 3976 | 320.4 | 884.7 | 2976 | 5964 | |
| | | 杨树岗村 | 192 | | 614 | | 115.2 | | 1042 | | |
| | | 随庄村 | 230 | | 789 | | 217.1 | | 1059 | | |
| | | 马桥村 | 99 | | 349 | | 99 | | 134 | | |
| | | 新庄村 | 99 | | 307 | | 99 | | 534 | | |
| | | 郎庄村 | 34 | | 139 | | 34 | | 219 | | |

续表

| 序号 | 行政村 | 自然村 | 户数(户) | | 人口(人) | | 村庄面积(亩) | | 耕地面积(亩) | | 备注 |
|---|---|---|---|---|---|---|---|---|---|---|---|
| 14 | 柳营村 | 柳营村 | 325 | 901 | 1290 | 3516 | 357.5 | 998.5 | 1620 | 4028.7 | |
| | | 张天庄村 | 80 | | 288 | | 21.6 | | 368 | | 已在城区不搬迁 |
| | | 代庄村 | 74 | | 323 | | 96.2 | | 130 | | |
| | | 毛苕村 | 278 | | 1025 | | 333.6 | | 1195 | | |
| | | 庙岗村 | 128 | | 539 | | 166.4 | | 631 | | |
| | | 小岗村 | 16 | | 51 | | 23.2 | | 84.7 | | |
| 15 | 谭营村 | 陈郎店 | 169 | 906 | 885 | 3990 | 185.9 | 967.2 | 1101 | 4627.5 | |
| | | 大柴庄 | 131 | | 563 | | 144.1 | | 726 | | |
| | | 排房 | 42 | | 189 | | 50.4 | | 261 | | |
| | | 谭营 | 378 | | 1663 | | 493.05 | | 2138.5 | | |
| | | 苗庄 | 186 | | 690 | | 93.75 | | 401 | | 已在城区不搬迁 |
| 合计 | | | 10853 | | 44029 | | 11619.22 | | 63146.34 | | |

## 三、从总体规划到控制性详细规划的限制条件

### (一)与上位总体规划的协调

城郊乡赊店新城新型农村社区建设用地规划应当以经批准的城市总体规划为依据,并在空间上与土地利用规划、城市总体规划、产业集聚区空间发展规划与控制性详细规划、村镇体系规划等重大规划的主要内容实现精准衔接。

1. 社旗县城市总体规划(图 7-2)

县域城镇空间结构要求:提出县域城镇空间布局为“一心、四带、四极”结构。“一心”是指中心城区,是全县产业与空间发展的核心载体,城镇空间发展的组织中心;“四带”分别为以省道 333 和省道 240 为依托的东西、南北城镇聚合发展轴(主轴),以省道 239 依托的南北向城镇拓展轴和南部规划县道 X027 产业发展轴(辅轴);“四极”是指县域内的四个中心镇,包括桥头镇、李店镇、饶良镇和郝寨镇,成为县域未来发展的副中心,引领县域经济的全面发展。

县域产业发展要求:用新型工业化和工业化中后期的发展要求来指导和推进工业发展,营造“兴工强县”的发展环境,形成富有特色的先进制造业基地;推进集约化,着力创建河南绿色农产品生产基地;以“生态社旗、休闲胜地”为主题,构筑豫南重要的旅游休闲胜地,建立完整的产业体系和产品体系,同步整体推进服务业的全面发展和升级。

城市性质:国家级历史文化名镇,南阳市域东北部重要城市,以食品加工、纺织服装产业和旅游服务业为主导的中等宜居城市。

中心城区发展远景:向南发展产业集聚区,形成产业综合服务中心、城市发展副中心;中心城区远景发展方向以向南外环路以南发展为主,城市道路延续城市现有的方格路网格局。

2. 社旗县产业集聚区规划

(1)《社旗县产业集聚区总体发展规划(2009－2020)》

《社旗县产业集聚区总体发展规划(2009－2020)》于 2009 年 6 月编制完成。产业集聚区用地纳入中心城区范围,未来中心城区主城区的工业用地将搬迁至产业集聚区内。发展定位:通过打造完善的食品加工、纺织服装产业链,加强区域产业联动,将社旗产业集聚区打造成为省级食品产业示范

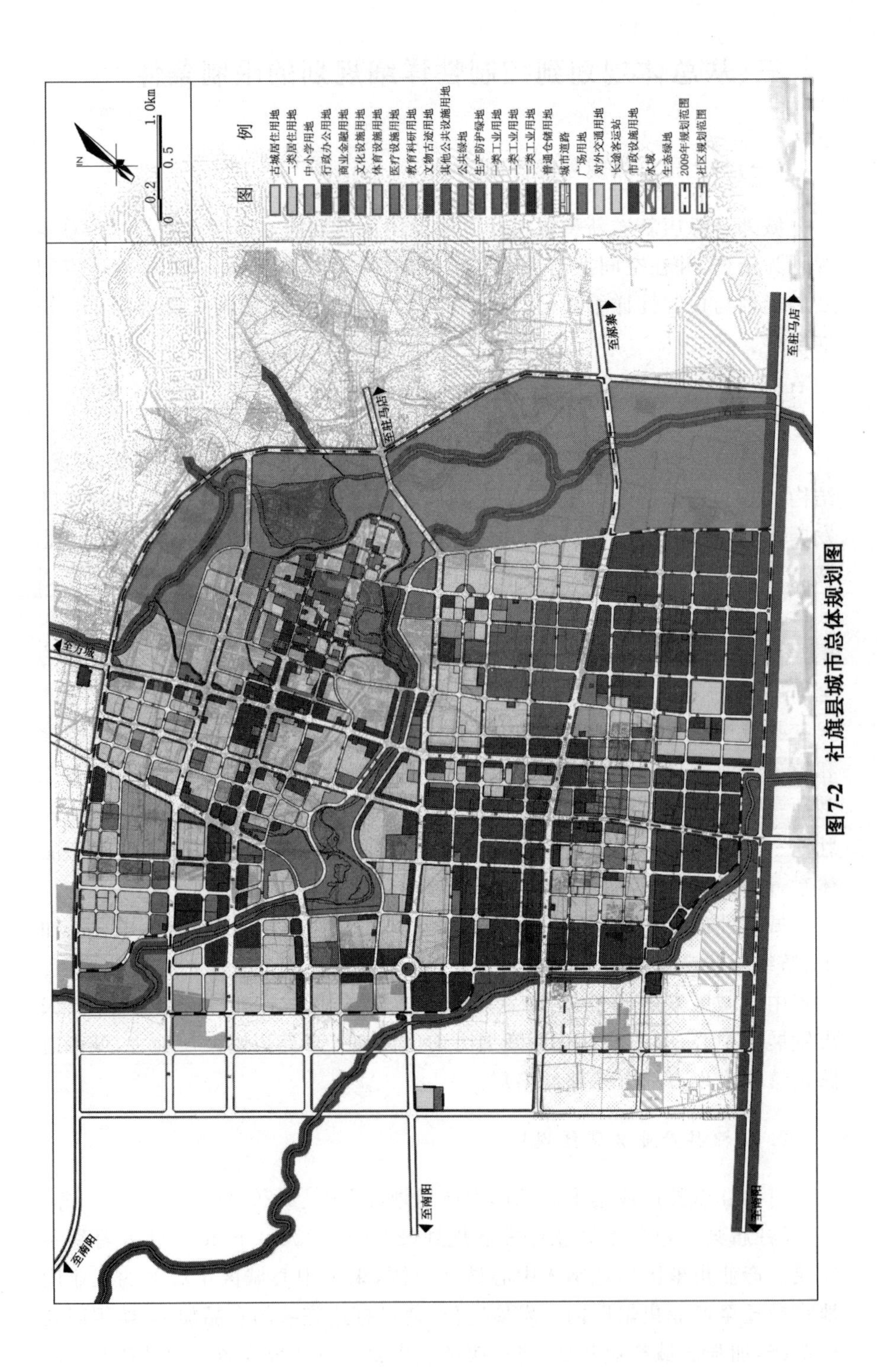


图7-2 社旗县城市总体规划图

基地和纺织服装生产基地，建设成为产城一体的创新型、文化型、生态型现代化新城区。

(2)《社旗县产业集聚区空间发展规划与控制性详细规划》

《社旗县产业集聚区空间发展规划与控制性规划》于2010年2月编制完成。规划目标：社旗县产城融合发展，产业结构优化升级，产业化与城镇化的主要载体；社旗县新的经济增长极，城市发展副中心，基础设施及配套设施完善、生态环境优美的"宜业、宜居"的产城结合体；规划期内力争把社旗县产业集聚区打造成为省级食品产业示范基地和纺织服装生产基地，建设成为产城一体的创新型、文化型、生态型现代化新城区。功能定位：社旗县产业集聚区不仅是社旗中心城市的重要组成部分，而且是社旗的产业新区，将成为社旗县新的经济增长点。因此，规划将社旗县产业集聚区功能定位为社旗城市产业新区和县城副中心。

3. 城郊乡土地利用总体规划

城郊乡土地利用总体规划是对城郊乡乡域2020年以前的各类用地（城镇建设用地、交通、水利设施用地、村庄建设用地、农田耕地等）的一个综合安排，规划提出了用于城镇建设的用地总量、全乡基本农田的保护面积和分布。社区规划用地已纳入土地利用总体规划中，并且社区规划范围内无基本农田（图7-3）。

## （二）控制性详细规划的指导

1. 规划控制目的

祥和社区规划范围，东起经一路，南邻纬三路，西到铁庙村西侧，北到纬一路位置。东西长约900米，南北长约762米，总规划用地面积58.31公顷，约合875亩。人口规模为7882人。

在确定祥和社区开发合理容量的前提下，根据区域内的功能分区，全区划分为若干地块，地块控制规划的内容则是对区域内每个地块的开发指标进行规定，将规划在土地使用、交通组织、公共设施、公共绿地等方面的规划原则与措施具体化为各个地块的开发控制的法定要求，作为地块下一步修建性详细规划或建筑设计的引导和指导。

2. 土地使用控制

祥和社区建设用地包括居住用地28.77公顷，公共管理与公共服务设施用地3.87公顷，交通设施用地12.96公顷，绿地11.04公顷（表7-3）。

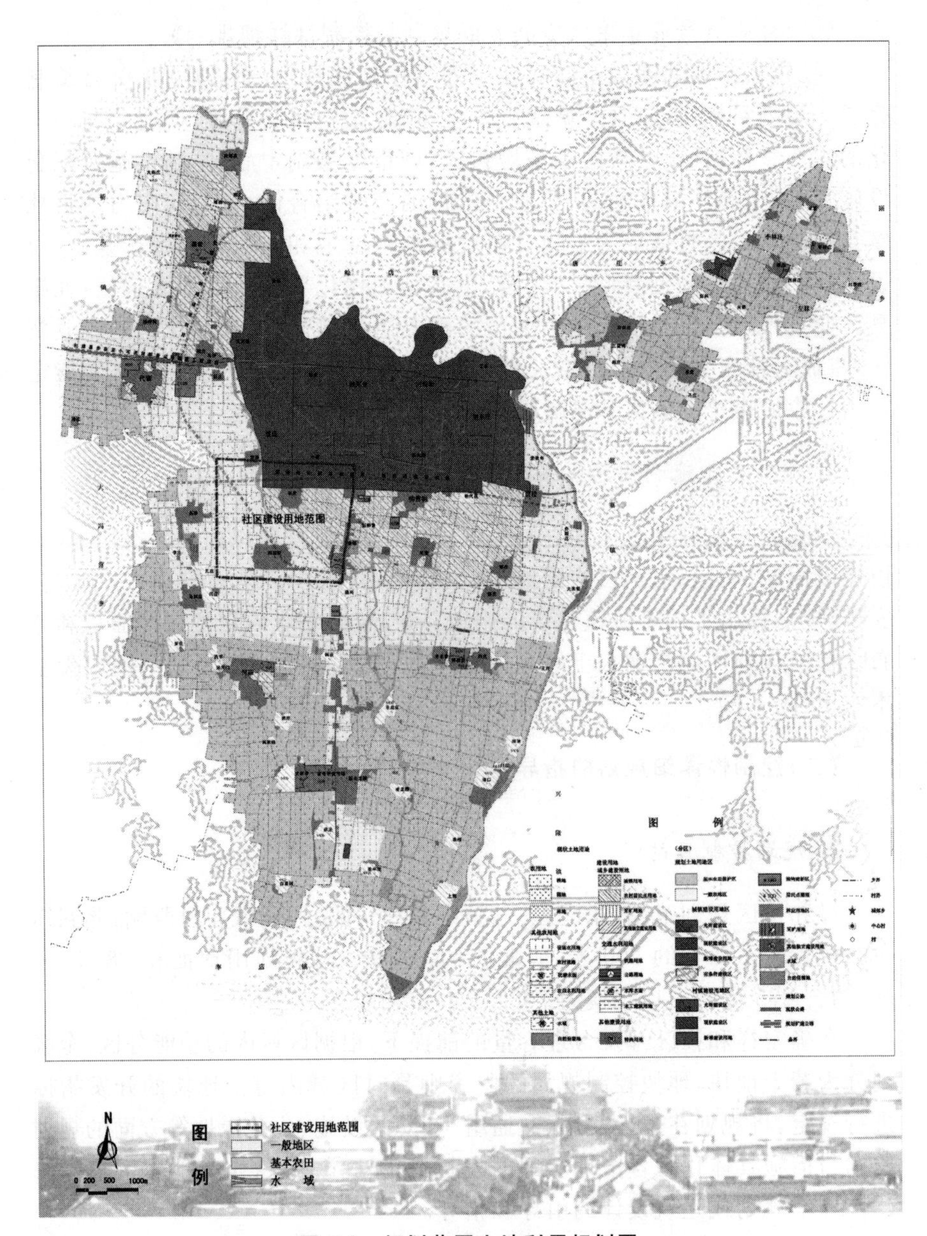


图 7-3　规划范围土地利用规划图

**表 7-3　祥和社区建设用地汇总表**

| 用地代码 | 用地名称 | | 用地面积（$hm^2$） | 占城市设用地比例（%） | 人均城市建设用地面积（$m^2$） |
|---|---|---|---|---|---|
| R | 居住用地 | | 28.77 | 50.79 | 36.50 |
| A | 公共管理与公共服务设施用地 | | 3.87 | 6.83 | 4.91 |
| | 其中 | 行政办公用地 | 1.09 | 1.92 | 1.38 |
| | | 教育科研用地 | 2.79 | 4.92 | 3.54 |
| S | 交通设施用地 | | 12.96 | 22.88 | 16.44 |
| G | 绿地 | | 11.04 | 19.49 | 14.01 |
| | 其中 | 公园绿地 | 10.22 | 18.04 | 12.97 |
| | | 防护绿地 | 0.82 | 1.45 | 1.04 |
| H11 | 城市建设用地 | | 56.65 | 100 | 71.87 |

3. 开发强度控制（图 7-4、图 7-5）

（1）容积率

①按照不同用地性质对地块容积率做如下通则性规定。

居住用地：以低层为主的居住用地容积率不超过 0.8，多层居住用地容积率不超过 1.4，多高层混合的居住用地容积率不超过 2.5；

行政办公用地：规定容积率不超过 1.5；

小学：规定容积率不超过 0.8；

绿地：参照国家标准和专业规定执行。

②地块容积率采用上限控制。

（2）建筑密度

①地块建筑密度控制通则：

居住用地：以低层为主的住宅区建筑密度不超过 35%，多层住宅区建筑密度不超过 30%，多层高层混合住宅区建筑密度不超过 25%；

小学用地、行政办公用地：规定建筑密度不超过 30%。

②地块建筑密度控制采取上限控制的方式。

（3）绿地率

①地块绿地率控制按照国家和地方相关规范和标准控制，具体按地块绿地率按用地性质做一下通则性规定。

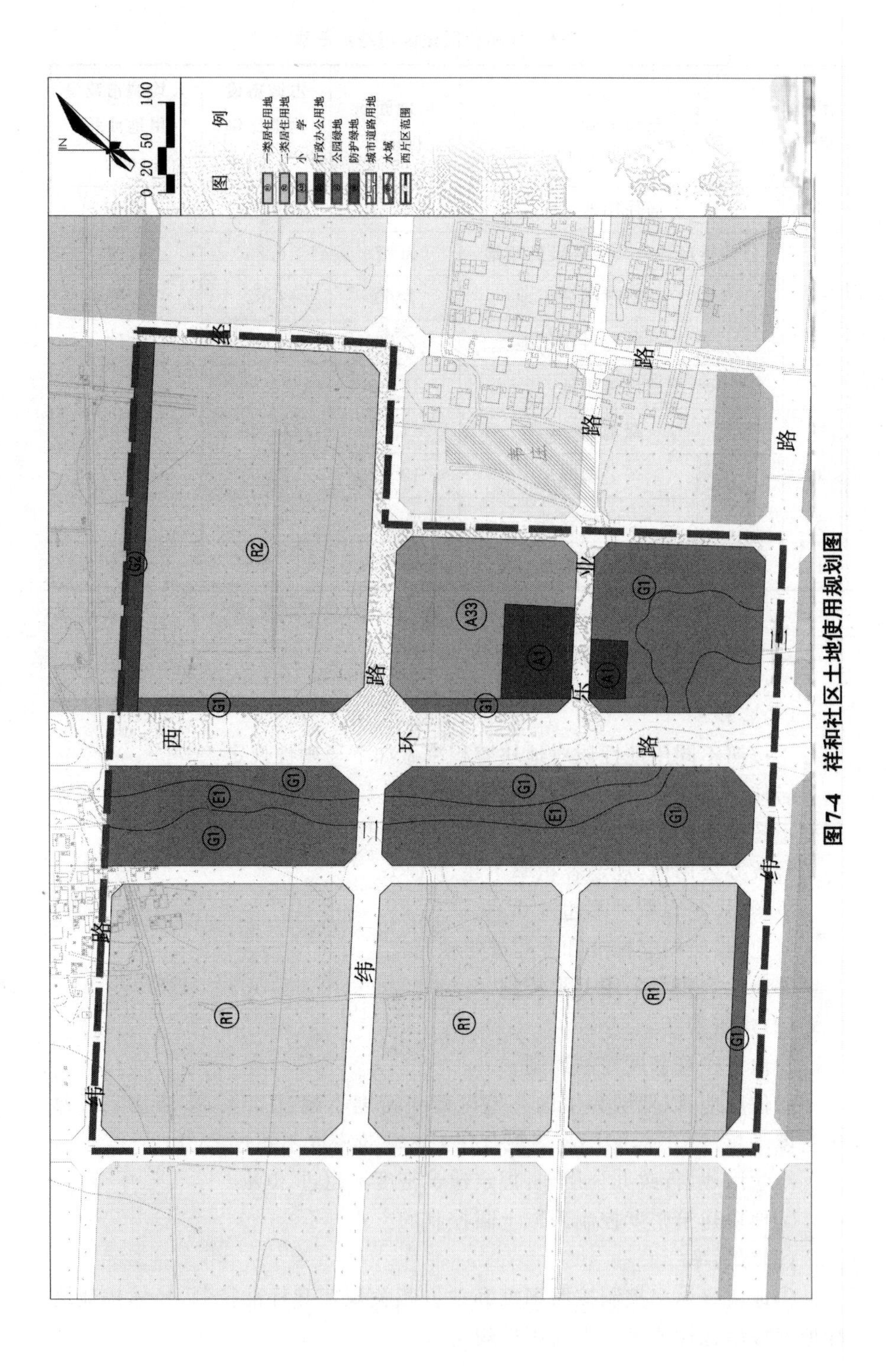


图7-4 祥和社区土地使用规划图

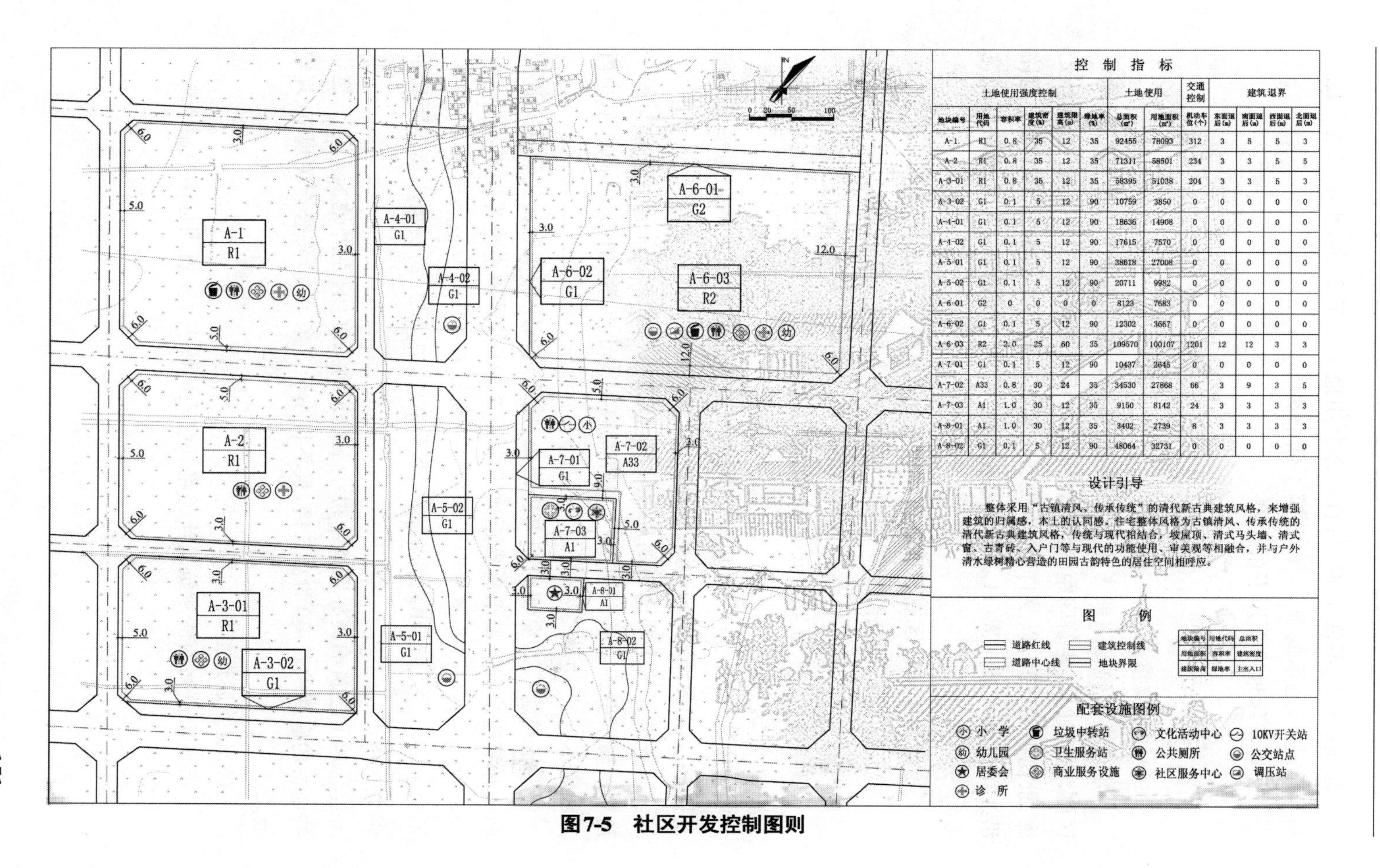


控　制　指　标

| 地块编号 | 土地使用强度控制 | | | | | 土地使用 | | 交通控制 | 建筑退界 | | | |
|---|---|---|---|---|---|---|---|---|---|---|---|---|
| | 用地代码 | 容积率 | 建筑密度(%) | 建筑限高(m) | 绿地率(%) | 总面积(m²) | 用地面积(m²) | 机动车位(个) | 东面退后(m) | 南面退后(m) | 西面退后(m) | 北面退后(m) |
| A-1 | R1 | 0.8 | 35 | 12 | 35 | 92455 | 78093 | 312 | 3 | 5 | 5 | 3 |
| A-2 | R1 | 0.8 | 35 | 12 | 35 | 71311 | 58501 | 234 | 3 | 3 | 5 | 5 |
| A-3-01 | R1 | 0.8 | 35 | 12 | 35 | 58395 | 51038 | 204 | 3 | 3 | 5 | 3 |
| A-3-02 | G1 | 0.1 | 5 | 12 | 90 | 10759 | 3850 | 0 | 0 | 0 | 0 | 0 |
| A-4-01 | G1 | 0.1 | 5 | 12 | 90 | 18636 | 14908 | 0 | 0 | 0 | 0 | 0 |
| A-4-02 | G1 | 0.1 | 5 | 12 | 90 | 17615 | 7570 | 0 | 0 | 0 | 0 | 0 |
| A-5-01 | G1 | 0.1 | 5 | 12 | 90 | 38618 | 27008 | 0 | 0 | 0 | 0 | 0 |
| A-5-02 | G1 | 0.1 | 5 | 12 | 90 | 20711 | 9982 | 0 | 0 | 0 | 0 | 0 |
| A-6-01 | G2 | 0 | 0 | 0 | 0 | 8123 | 7683 | 0 | 0 | 0 | 0 | 0 |
| A-6-02 | G1 | 0.1 | 5 | 12 | 90 | 12302 | 3667 | 0 | 0 | 0 | 0 | 0 |
| A-6-03 | R2 | 2.0 | 25 | 60 | 35 | 109570 | 100107 | 1201 | 12 | 12 | 3 | 3 |
| A-7-01 | G1 | 0.1 | 5 | 12 | 90 | 10437 | 2645 | 0 | 0 | 0 | 0 | 0 |
| A-7-02 | A33 | 0.8 | 30 | 24 | 35 | 34530 | 27868 | 66 | 3 | 9 | 3 | 5 |
| A-7-03 | A1 | 1.0 | 30 | 12 | 35 | 9150 | 8142 | 24 | 3 | 3 | 3 | 3 |
| A-8-01 | A1 | 1.0 | 30 | 12 | 35 | 3402 | 2739 | 8 | 3 | 3 | 3 | 3 |
| A-8-02 | G1 | 0.1 | 5 | 12 | 90 | 48064 | 32731 | 0 | 0 | 0 | 0 | 0 |

设计引导

整体采用“古镇清风、传承传统”的清代新古典建筑风格，来增强建筑的归属感，本土的认同感。住宅整体风格为古镇清风、传承传统的清代新古典建筑风格，传统与现代相结合，坡屋顶、清式马头墙、清式窗、古青砖、入户门等与现代的功能使用、审美观等相融合，并与户外清水绿树精心营造的田园古韵特色的居住空间相呼应。

**图7-5　社区开发控制图则**

新建居住区不低于30%；行政办公用地不低于35%；小学用地不低于35%；防护绿地不低于95%，公园不低于90%。

②地块绿地率采用下限控制。

#### 4. 建筑建造控制

(1)建筑高度

建筑高度确定主要考虑土地使用、城市总体景观效果、空间轮廓、地块区位、建筑性质、建筑间距、容积率、街道尺度和城市消防、净空通道、高压走廊、景观视觉空间，以及自然、历史文化景观保护协调和地质条件等。道路沿线建筑 $H<2S+W$（H 为建筑高度，S 为后退红线距离，W 为道路红线宽度）。

规划对祥和社区规划区高度作以下分区：

高层区(24—60 米)：纬二路以北的多层高层混合住宅区；

多层区(12 米—24 米)：多层住宅居住区和配套公建；

低层区(12 米以下)：低层多层混合居住区。

(2)建筑后退

①建筑离界：沿用地边界的建筑物，其退让用地边界的距离按下列规定控制，如离界距离小于消防距离时，应按消防间距的规定控制。

②各类建筑主要朝向的离界距离，按建筑间距的规定退让。低层最小离界距离不少于 3 米，多层最小离界距离不少于 9 米，中高层、高层最小离界距离不少于 12 米。

③各类建筑次要朝向的离界距离，按建筑间距的规定决定退让。次要朝向开窗建筑低层最小离界距离不少于 3 米，多层最小离界距离不少于 5 米，中高层、高层最小离界距离不少于 9 米。不开窗建筑低层最小离界距离不少于 2 米，多层最小离界距离不少于 3 米，中高层、高层最小离界距离不少于 6 米。

④地下建筑的离界距离不得小于建筑物深度（自室外地面至地下建筑物底板的底部的距离）的 0.6 倍，且不得小于 2 米，并应符合有关规范、规定要求。

(3)建筑后退红线

沿城市道路两侧建筑退让道路红线距离按表 7-4 所列标准控制要求。

表 7-4　建筑退让道路红线最小距离控制指标表

| 道路宽度(米)<br>后退距离(米)<br>建筑高度 | 城市干路<br>L>＝40 | 城市次干路<br>40－25 | 城市支路<br>25－12 |
|---|---|---|---|
| 多、低层建筑 H<24 米 | 8 | 5 | 3 |
| 高层建筑 40 米>H>＝24 米 | 12 | 10 | 8 |
| 高层建筑 60 米>H>＝40 米 | 15 | 12 | 10 |
| 高层建筑 80 米>H>＝60 米 | 18 | 15 | 12 |

备注:(1)建筑退让均指建筑前沿;(2)当与过境公路、高速公路等要求的退让距离有矛盾时,按高限控制;(3)特殊情况道路如弯道、不规则空地、锐角交叉等情况,根据临街景观需要,视具体情况确定退让红线距离。

5. 公共服务设施控制

公共设施配套指城市中各类公共服务设施的配建要求,主要包括需要政府提供配套建设的公益性设施。公共设施配套根据社区空间发展规划予以落实,在控规阶段特别注重对于公益性设施的控制和保障,要求综合考虑区位条件、功能结构布局、居住区布局、人口容量等因素,按照国家相关规范和标准进行配置。规划公共服务设施划分至城市用地分类的小类用地,在控规中主要落实设施的位置、规模和配置建设要求。本次规划的公益性公共设施是在用地中必须落位的,对于居住区其他配套设施需要结合公建配置的给予指标控制,在下阶段详细规划中落实。

6. 公益性公共设施控制

公益性公共设施主要是以教育设施、医疗卫生设施和文化体育设施、社会福利设施等为主要内容的城市公益性公共设施。在实际建设中由于经济利益的驱动往往被侵占或者被忽,控制性详细规划出于对公共各利益的保障责任,需要更加明确公共设施的配套要求,包括大、中型公共设施的落位、小型公共设施的布点,以及公共设施建设规模、附加建设条件、服务等控制要求。

祥和社区控制性详细规划要求对空间发展规划公益性公共设施具体落实到用地地块,分为教育、行政管理两个方面以表格形式(表 7-5)详细说明。

表 7-5　祥和社区公益性公共设施控制一览表

<table>
<tr><th rowspan="2">分类</th><th rowspan="2">规划项目</th><th rowspan="2">用地面积(Ha)</th><th colspan="2">布局位置</th><th rowspan="2">其他控制要求</th></tr>
<tr><th>街坊编号</th><th>地块编号</th></tr>
<tr><td>教育设施</td><td>1.社区中心小学</td><td>2.79</td><td>A—7</td><td>A—7—02</td><td>24 班规模</td></tr>
<tr><td rowspan="2">行政管理</td><td>1.居住区居委会</td><td>0.27</td><td>A—8</td><td>A—8—01</td><td>—</td></tr>
<tr><td>2.西部行政办公</td><td>0.81</td><td>A—7</td><td>A—7—03</td><td>综合服务</td></tr>
</table>

7. 社区其他配套设施

社区的建设，不仅仅区分各居住区的居住特色和社区组团规模，还要考虑各社区组团的公建配置。规划在各社区组团中部均设置一个居住组团级中心，配备完善的商业服务、文化娱乐和医疗设施，部分地区还延伸出商业街，分别为其周边的社区服务。各社区组团的公共服务设施也与区级、居住区级的公共服务设施有机协调，设施共享，并形成良好的城市景观。社区组团配套公共服务设施的配置参见表 7-6，其建设控制要求以规模指标的形式予以确定，对位置、边界形状未进行空间落地，在进行下位规划编制时必须按照相应指标予以落实。

表 7-6　祥和社区其他配套公共服务设施一览表

<table>
<tr><th>类别</th><th>设施名称</th><th>服务内容</th><th>建设规定与规模要求</th></tr>
<tr><td rowspan="5">社区行政管理及社区综合服务</td><td>社区委员会(物业管理)</td><td>具备社区“八室”(村党组织办公室、村委会办公室、综合会议室、警务室、档案室、阅览室、党员活动室、信访调解室)</td><td>建筑面积≥200m$^2$</td></tr>
<tr><td>社区服务中心</td><td>家政服务、咨询服务、代客订票、美容美发、洗浴、综合修理、辅助就业设施</td><td>建筑面积≥300m$^2$</td></tr>
<tr><td>礼堂及场地</td><td>社区举办红白事的场所</td><td>占地面积 800—1000m$^2$</td></tr>
<tr><td>计生站</td><td>可与卫生站合设</td><td>建筑面积 20m$^2$ 以上(3000 人以上或有条件的社区可分设)</td></tr>
<tr><td>治安联防站</td><td>——</td><td>可与社区委员会合设，15—30m$^2$</td></tr>
</table>

续表

| 类别 | 设施名称 | 服务内容 | 建设规定与规模要求 |
| --- | --- | --- | --- |
| 教育 | 托儿所 | 保教小于3周岁 | 根据规划设置，托幼可以合设，根据实际情况确定全托与半托的比例，人均占地面积不少于15m$^2$ |
| | 幼儿园 | 保教学龄前儿童 | |
| | 中学 | 12—18岁青少年入学 | 按教育部门规划设置 |
| | 远程教育、科普教育学校 | 可综合利用学校设施，以学校为基础扩展兼具基础教育、职业教育、农村继续教育功能的新型农村学校 | 按规划设置 |
| 医疗卫生 | 卫生站 | 社区卫生服务站 | 建筑面积30m$^2$ 以上 |
| 文化体育 | 文化活动中心 | 老年活动中心、儿童活动中心、农民培训中心 | 建筑面积50—200m$^2$ |
| | 小型图书馆 | 农村科技活动、书刊与音像制品 | 靠近或者结合社区中心绿地或广场安排用地面积不小于100m$^2$ |
| | 科技服务点 | 农业技术教育、培训、农产品市场信息服务 | 结合小型图书馆布置 |
| | 全民健身设施 | 球类、棋类活动场地，儿童及老年人学习活动健身场地、用房 | 结合公共绿地安排 |
| 商业服务 | 农贸市场 | 销售粮油、副食、蔬菜、干鲜果品、小商品 | 按组团设置，占地面积100—300m$^2$，农贸市场可与食品加工点合设 |
| | 食品加工点 | 粮油、副食、蔬菜、果品加工 | |
| | 餐饮 | 主食、早点、举办婚丧宴； | 按规划设置 |
| | 社区超市 | 烟酒糖茶等百货、日杂货 | 占地面积70—150m$^2$ |
| | 农资超市 | 化肥、农具、农药等销售点 | 占地面积50m$^2$ 以上 |
| | 邮政、储蓄等代办点 | 邮电综合服务、储蓄、电话及相关业务等 | 按规划设置 |

续表

| 类别 | 设施名称 | 服务内容 | 建设规定与规模要求 |
| --- | --- | --- | --- |
| 市政公用 | 垃圾收集点 | 服务半径不大于100m,分类收集,垃圾集中处理率达80%以上 | —— |
| | 公厕 | —— | 每800—1000人1座,建设标准应不低于30－50平方米/千人,设置人流集中处,公厕应考虑无障碍设计 |
| | 公交点 | —— | 根据规划设置 |
| | 配电房 | —— | (按供电系统技术要求设置)建筑面积50m² 左右 |
| | 水泵房 | 非集中供水区域内社区设置 | 按规划设置 |
| | 小型污水处理站 | 因地制宜,可集中,可分散 | 按规划设置 |

8. 交通控制

(1)道路等级控制

规划将道路按照社区空间发展规划与城区道路系统对接,分为主干路、次干路和支路三级,本次规划东西向干路三条,南北向干路五条,形成三横五纵的道路网系统。其中新规划的地块按照各个分区的规模、用地性质以及道路网的结构灵活处理,但需满足交通和市政的要求,详见表7-7。

①城市主干路

西环路:规划红线宽60米,三块板,横断面A－A　60＝9.0＋6.5＋3.0＋23＋3.0＋6.5＋9.0。

纬三路:规划红线宽40米,三块板,横断面D1－D1　40＝4.5＋5.0＋3.0＋15＋3.0＋5.0＋4.5。

②城市次干路

纬二路:规划红线宽30米,两块板,中间可设置安全护栏,横断面G—G　30＝2.5＋11.5＋2.0＋11.5＋2.5。

经一路:规划红线宽25米,两块板,中间可设置安全护栏,横断面H－H　25＝3.0＋9.0＋1.0＋9.0＋3.0。

③城市支路

学校东侧支路：规划红线宽 25 米，一块板，横断面 H－H　25＝3.0＋9.0＋1.0＋9.0＋3.0。

社区西侧支路：规划红线宽 25 米，一块板，横断面 H－H　25＝3.0＋9.0＋1.0＋9.0＋3.0。

河西支路：规划红线宽 20 米，一块板，横断面 I－I　20＝3.0＋14.0＋3.0。

乐业路：规划红线宽 20 米，一块板，横断面 I－I　20＝3.0＋14.0＋3.0。

纬一路：规划红线宽 20 米，一块板，横断面 I－I　20＝3.0＋14.0＋3.0。

**表 7-7　祥和社区规划道路一览表**

| 序号 | 道路长度(m) | 红线宽度(m) | 断面形式 |
|---|---|---|---|
| A11 | 751 | 60 | 60＝9.0＋6.5＋3.0＋23＋3.0＋6.5＋9.0 |
| D1 | 681 | 40 | 40＝4.5＋5.0＋3.0＋15＋3.0＋5.0＋4.5 |
| G | 894 | 30 | 30＝2.5＋11.5＋2.0＋11.5＋2.5 |
| H | 1511 | 25 | 25＝3.0＋9.0＋1.0＋9.0＋3.0 |
| I | 1604 | 20 | 20＝3.0＋14.0＋3.0 |

(2)道路绿化控制

进一步改善祥和社区规划区生态环境和丰富其景观，在规划道路用地范围内进行绿化规划，道路绿化根据不同宽度的道路确定不同的绿地率(见表 7-8)。

**表 7-8　道路绿化率表**

| 道路红线宽度(米) | 道路绿地率(%) |
|---|---|
| ＞50 | ≥30 |
| 40～50 | ≥25 |
| ＜40 | ≥20 |

(3)静态交通控制

社会停车结合公共建筑组设置，祥和社区内不设置大型社会停车场。

此外，机关企事业单位、大型公共设施等均应严格按照国家规定的标准配套建设专用停车设施(见表7-9)。自行车公共停车场采用分散布局的形式，在规划控制林荫道的建筑后退道路红线范围内设置(见表7-10)。

建筑物配建的停车设施可采用地下车库、地面停车等形式，严禁占用规划批准为绿地和道路的部分设置停车泊位，露天停车泊位数一般不应超过停车泊位数的10%。每一个地面停车位应按25～30平米集中安排用地，并设置专用停车场和通道，不得在建筑物间任意设置和占用其他用地出入口通道设置车位(见表7-11)。

**表7-9 各类机动车辆与小型汽车车位的面积换算系数**

| 车辆类型 | 微型汽车 | 中型汽车 | 大型汽车 | 铰接车 | 二轮摩托 | 三轮摩托 |
|---|---|---|---|---|---|---|
| 换算系数 | 0.7 | 2.0 | 2.5 | 3.5 | 0.4 | 0.6 |

**表7-10 非机动车换算系数**

| 车辆类型 | 自行车 | 三轮车 | 人力或畜力板车 |
|---|---|---|---|
| 换算系数 | 1 | 3 | 5 |

**表7-11 配建停车泊位控制指标表**

| | | 项 目 | 单 位 | 汽 车 | 自行车 | 备 注 |
|---|---|---|---|---|---|---|
| 居住区 | 配套公建停车配建 | 公共中心 | 车位/100m² 建筑面积 | 大于或等于0.5 | 大于或等于7.5 | |
| | | 商业中心 | 车位/100m² 营业面积 | 大于或等于0.5 | 大于或等于7.5 | |
| | | 集贸市场 | 车位/100m² 营业场地 | 大于或等于0.4 | 大于或等于7.5 | |
| | | 饮食店 | 车位/100m² 营业面积 | 大于或等于0.45 | 大于或等于3.6 | |
| | | 医院、门诊所 | 车位/100m² 建筑面积 | 大于或等于0.30 | 大于或等于1.5 | |
| | 住宅停车配建 | 一类住宅 | 车位/户 | 1.1 | — | 别墅高级公寓 |
| | | 二类住宅 | 车位/户 | 0.75 | 2 | 普通住宅 |

续表

| | 项目 | 单位 | 汽车 | 自行车 | 备注 |
|---|---|---|---|---|---|
| 城市公共停车位配建 | 中、高档宾馆 | 车位/客房 | 0.3 | — | 涉外宾馆 |
| | 普通宾馆 | 车位/客房 | 0.2—0.3 | — | 接待国内旅客 |
| | 单元式办公楼 | 车位/100m²建筑面积 | 0.5—0.6 | 0.4 | |
| | 普通办公楼 | 车位/100m²建筑面积 | 0.3—0.4 | 2 | |
| | 金融、贸易设施 | 车位/100m²建筑面积 | 0.3—0.5 | 7.5 | |
| | 饮食店 | 车位/100m²建筑面积 | 1.5—2.0 | 3.6 | |
| | 菜市场 | 车位/100m²建筑面积 | 0.2 | 6 | |
| | 商业场所 | 车位/100m²建筑面积 | 0.4—0.5 | 15 | |
| | 大型影、剧院 | 车位/百座 | 3 | 15 | |
| | 一般影(视)厅 | 车位/百座 | 1 | 20 | |
| | 一类体育馆 | 车位/百座 | 1.5—2.0 | 20 | 座位数＞4000 |
| | 二类体育馆 | 车位/百座 | 1.0—1.5 | 20 | 座位数＞4000 |
| | 体育场 | 车位/百座 | 1.5—2.5 | 15 | |
| | 展览馆 | 车位/100m²建筑面积 | 1.2—1.5 | 3 | |
| | 市级医院 | 车位/100m²建筑面积 | 0.4 | 1 | |
| | 区级医院 | 车位/100m²建筑面积 | 0.3 | 0.5 | |
| | 风景名胜区 | 车位/每公顷游览面积 | 市区 2.0 | 20 | |
| | | 车位/每公顷游览面积 | 郊区 1.0 | 20 | |

续表

| | 项 目 | 单 位 | 汽 车 | 自行车 | 备 注 |
|---|---|---|---|---|---|
| 城市公共停车位配建 | 公园 | 车位/每公顷游览面积 | 5—10 | 4 | |
| | 火车站 | 车位/高峰日每千旅客 | 2.5 | 2 | |
| | 工业厂房区 | 车位/100m² 建筑面积 | 0.2—0.3 | 1.5—5 | |
| | 仓储用地 | 车位/100m² 建筑面积 | 0.1—0.2 | — | |

注:本表机动车停车位以小型汽车为标准当量表示。采用的是社旗县产业集聚区停车泊位控制指标。

(4)道路车道及转弯半径控制

一条机动车道路宽度不小于3.5米,人行道宽度不小于2米。人行道宽度在道路红线内未能满足部分,可在建筑后退道路红线距离内补充。

平交道路口缘石最小转弯半径,城市主干路50—60米道路转弯半径不应小于30米、红线45米宽道路缘石最小转弯半径不应小于25米,红线宽度30—40米城市次干路缘石最小转弯半径不应小于20米,城市支路红线宽度25米道路缘石最小转弯半径不应小于15米,红线宽度15—20米缘石最小转弯半径不应小于10米。

(5)出入口控制

出入口方位主要考虑减少对外围交通的干扰,并合理组织引导地块内部交通。一般情况下,每个地块设置一到两个车辆出入口。

①机动车出入口距离具体规定:道路红线宽度60米距离交叉口建议不小于100米,道路红线50米距离交叉口建议不小于90米,道路红线宽度45米距离交叉口不小于80米,道路红线宽度40米距离交叉口不小于70米,道路红线宽度34米距离交叉口不小于60米,道路红线宽度30米距离交叉口不小于50米,道路红线宽度25米距离交叉口不小于40米,道路红线20米(包括20米)以下距离道路交叉口不小于30米。

②不同等级的道路上开设三个或者三个以上的机动车出入口时,应当按照道路等级由低到高的顺序安排。

③入口处实行车辆种类控制,即分为行人、非机动车及小型机动车和大型货车两种入口,大型货车均从主干路进入。

(6)公共交通规划及站场控制

公共交通规划:根据县总体规划中中心城区客运交通规划,公交一号线经过本次祥和社区规划范围。在西环路上规划四处公交站点,位置分别在纬三路交叉口北和纬二路交叉口北,所处地块分别为A－4－02,A－6－02,A－5－01,A－8－02。公交系统的建设,不但使社区与中心城区紧密联系,也为社区居民的出行提供了便利。

公交站点控制:祥和社区的公交停靠站均不占用车行道,应全部采用港湾式布置(如附图),具体设置规定如下。

①在交叉口附近,公交停靠站应设置在离交叉口50米以外处。港湾式停靠站长度应至少有两个停车位,对无法设置港湾式停靠站的城市主干路,可以考虑结合附近大型交通集散点将公交站点设置在相交道路上。

②公交停靠站设置在交叉口下游时,离开(对向进口道)停车线距离按如下原则确定:无信号灯控制的交叉口,停靠站必须在视距三角形外(包括车站内同时停放的最大车辆数);下游右侧拓宽增加车道时,应设在右侧车道分岔点向前至少15－20m处。

③公交停靠站设置在交叉口上游时,离开停车线距离按如下原则确定:边侧为拓宽增加的车道时,停靠站应设在该车道分岔点之后至少15－20m,并将拓宽车道加上公交站台长度后做一体化设计。边侧无拓宽增加车道时,停靠站位置应在外侧车道最大排队长度的基础上再加15－20m处,停靠站长度另外确定。

④对多条公交线路并行的路段,如果行车密度小,上下乘客不多而换乘较多时,可合并设站,此时应根据公交车到站频率和站台类型、长度来确定并站的最大线路数,一般不宜超过5条,特殊情况下不应超过7条,如果线路数较多,行车密度比较大且上下乘客较多,应分开设站。

⑤在线路重复段较长的情况下,除将几个乘客换车较多的站点合在一起外,对其余换车较少的站点,将其拉开,前后交错间隔布置。一般应将上下乘客少、车辆密度小的线路设在前方,将上下乘客多、发车密度大的线路站点设在后方。

⑥公交停靠站候车站台的一般规定:公交停靠站候车站台的长度宜取15～20m;站台的宽度应取2.0m,改建及综合治理交叉口,当条件受限制时,最小宽度不应小于1.25m。

⑦为区分公交停靠站的停车范围,在公交停靠站车道与相邻通车道间按国际设置专用标线:一辆公交车停车长度以15～20m为准,多辆公交车停靠的站台长度可按下式确定:公交停靠站站台长度＝公交停靠站同时停靠的公交车辆数(公交车辆长度＋2.5)。

⑧公交停靠站车道宽度为3.0m，受条件限制时，公交停靠站车道宽度最窄不得小于2.75m；相邻通行车道宽度不应小于3.25m。人行道宽度确有多余时，可压缩人行道设置公交停靠站：人行道的剩余宽度应保证大于行人交通正常通行所需的宽度，最小宽度不宜小于2.50m，行人少的场合也确保不小于1.50m。必要时可在停靠站局部范围内拓宽道路红线。

9．地块编号

本次规划结合祥和社区规划用地布局和规划道路水体绿地边界特征，在用地划分中采用了三级编码方式（见图7-6）：

一级为分区代码，A、B、C三个一级分区。

二级为用地街坊编号，根据规划区干路及支路，将各一级分区再分为若干街区，如A－1。

三级为地块编号，根据地块用地性质，将各二级分区再分为若干小地块，如A－2－03。

在上述用地划分基础上，对各地块进行统一编码，以便于通过图纸、文本、指标等形式为每个地块的开发建设和规划管理提供依据。

## 四、修建性详细规划的具体内容

### （一）规划定位

1．南部新区的生活核心区

随着县城的南扩和将城郊乡纳入中心城区的发展战略，地块所处区域紧临城市干道西环路、纬三路和泥河城市“绿心”，环境优美，交通便利，配套设施较为完善，是理想的新区生活中心居住用地。

2．新型农村社区建设的先头兵

坚持高标准、高品质、高科技、高性价比的建设宗旨，本着先安置后开发的原则，将村民的生活安排好，为村民创造一个“生态、节能、环保、人性、文化”的家园，为日后城郊乡全区域的新型农村社区建设立体型一流综合型居住区打下基础，提升城市形象和品位，传承历史文脉。

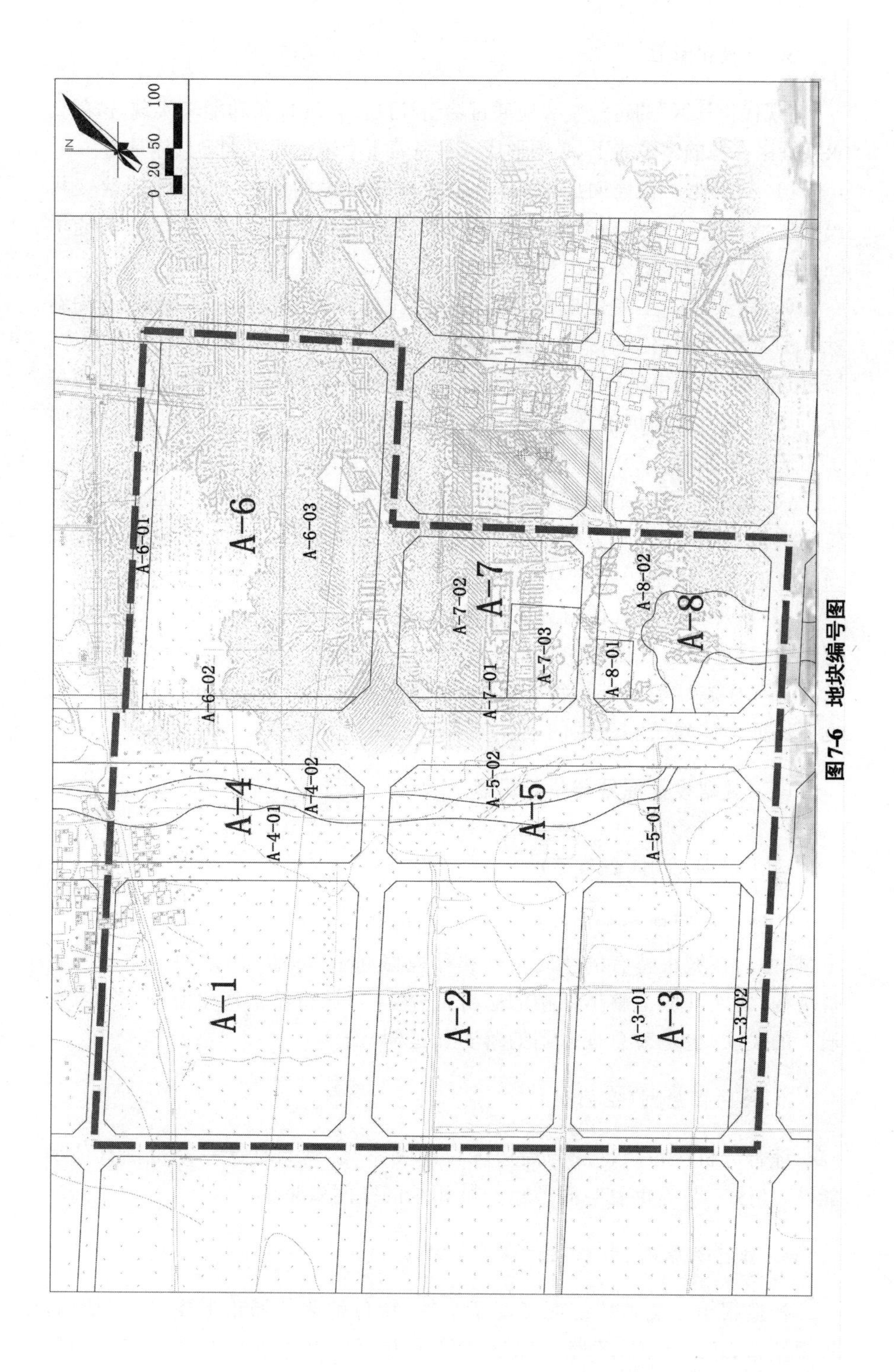
N
0 20 50 100
A-1
A-2
A-3
A-3-01
A-3-02
A-4
A-4-01
A-4-02
A-5
A-5-01
A-5-02
A-6
A-6-01
A-6-02
A-6-03
A-7
A-7-01
A-7-02
A-7-03
A-8
A-8-01
A-8-02

**图7-6　地块编号图**

3. 现代化社区

“现代化社区”的定位主要应通过给新社区注入现代化功能来实现,这就要求新社区在总的定位之下,必须形成或具备若干个现代化要素。具体是指:

(1)新产业。村民向居民的转变,要改变村民的生产方式,才能改变村民的生活方式。建立南部新区城郊乡发达的市场体系,以商业聚散功能增强其经济辐射力,繁荣人民生活。

(2)新文化。主要是指在新居住区中注入古镇老城的文化要素,提高新社区的文化功能,传承古城文化。例如,在新社区开发商埠文化产业等等。通过这些文化要素的注入,不仅可以提高新社区的现代化文化品位,形成传承历史的城市文化价值观念,有效地提高人的素质,而且也是增强新社区吸引力的重要保障。

(3)新生活。一是通过规划的高起点和建设的高水准,提高居民的居住生活质量,并在此基础上构建成新的社区生活理念和生活体系,丰富和提高新社区的现代化生活内涵与水准。

(4)新环境。新社区首先必须从环境建设上体现出浓厚的新世纪现代化气息,这就要求社区的整体建设规划必须达到较高水平,对每个分区、每条街道和标志性建筑进行精心设计,既要使社区具备整体空间上的现代感,也要保证个体建筑和景观的质量与水准。

### (二)规划设计原则与指导思想

1. 整体性原则(全局观)

从城市周边地块全局高度对地块进行规划定性,将地块做为城市的一个“模块”,在城市特有的空间结构和环境格局中“演生”出地块的空间及景观结构,使之既成为整体结构的有机组分,又对城市结构产生空间、功能、交通上的关联(也是对总规原则的落实和延伸)。

2. 关联性原则(空间观)

综合分析区位条件及与周边区位的关系,达到与社区一期范围其他功能区、社区二期等重要空间节点一脉相承的空间效果。

3. 独特性原则(形象观)

塑造根植于当地传统而又富于个性、特色鲜明的城市形象(空间结构,景观塑造,建筑单体,环境细部设计等多方面加以体现),改善城市空间质量，提高城市品位。

树立精品意识，做到小而精，大处着眼，小处着手，“于细微处见精神”。

从整体空间入手——从整个城市高度对本地块定位。

从环境景观入手——建立人工、自然和谐交融的景观框架，以景观体系形成地块的空间主线。

**（三）规划构思**

1. 核心理念——古城新韵

中原古城数第一，丽江平遥相并齐。赊旗故地品美酒，恍惚当年通九衢。

福禄寿仙来聚义，水旱码头已过去。九门若存显大气，同具水乡之秀丽。

在这古城南邻里，河边新城悄悄起。不期与她争风韵，但愿南区展新意。

以上“古城新韵”的描述就是我们新型农村社区生活要继承的那种文化内涵：新社区延续古城格局——既有北方的严整大气、古朴端庄，又有南方水乡的秀丽；在商铺饮酒的时候追忆起当年“繁华商埠九省通衢”；在外出办事的时候，铭记着“山陕会馆诚信商会”的叮嘱；在河边漫步的时候想到“往昔的水旱码头”……古城性格的延续，传统文脉的传承，特别对于村民有着更深的历史根基，体现新时期赋予农村社区的特殊意义，使得村民找到家的归属感，是本方案重点考虑的要素。因此，方案提出了构建“古城新韵”的空间效果，以求创建具有田园古韵特色的居住空间。建筑、园林、居室，人类在自己栖身之所充分表现着对艺术的向往，寻求一种既有民族经典，又有现代意识的家居和园林，使新社区真正成为“精神的家园”。

2. 生态理念——碧水连家

有了水，就有了灵气。本方案以“县城南部泥河局部扩大的生态支撑点”为核心，与城北的赵河生态中心、城东的潘河生态中心相呼应，打造县城第三个生态中心，完善县城生态网络，进一步在本区域营造“一河两岸水连家”的生态系统。

人类是自然之子。但在新型城镇化过程中，钢筋混凝土和冰冷的玻璃把人类与自然隔得越来越远，人们在充满污染、没有阳光的“家”里养着可怜的盆景，重温着回到自然的旧梦。如何保护并融合于自然，将是每一个有使命感的设计师的第一原则。设计中遵循生态优化原则，以环境生态学理论为指导，以实现生态系统动态平衡为目的，尊重保护自然人文环境，合理地开发和利用资源，节地、节能、节材，建设人与环境有机融合的可持续发展的新型人类住区。方案构筑了以水系为主干、四周绿色通透的生态网络，并以多层次的绿化生态环境组织人与自然，建筑与自然交融的生态空间，提倡多种乔木，合理搭配花灌木及地被。以生态环境意识为指导，使行为环境与形象环境有机结合，最大限度地尊重自然生态环境。

**(四)设计重点**

1. 与新城其他功能区协调统一考虑

本次规划区为城郊乡新型农村社区建设的近期范围，按照“整体考虑，分期建设”的原则，与新城其他功能区用地平衡协调，公建与基础设施区域共享，整体风貌相统一。

2. 考虑人性的需求，创建舒适宜人的居住场所

积极推行住宅小区化和组团规模化，实现居住小区——居住组团二级设置的居住模式，以“四化”标准高要求地建设新社区的居住场所。

配套化：确保基础设施与商业、文化、教育、卫生等生活配套设施的同步建设。

社区化：要求创造有舒适感、安全感、认同感、归属感的生活场所，维持居住区的社会稳定。

网络化：整个生活网络应包含社区——邻里——家庭及个人三个层次，并与社区中心相衔接，增加居民交往的机遇，丰富居住生活的内涵。

休闲化：重点强调社区内开敞空间的设计与建设，满足居民贴近自然，进行休闲活动的目的。

3. 考虑开放的公共服务空间

公共服务体系分为两个层次：第一，为居住小区级，服务 1 万人左右规模的居住小区；第二，为组团级的，服务 3000 人左右规模的居住组团。由此打造高效、便捷、开放的公共服务空间。

4. 充分考虑实际情况，先行先试

一方面经过意见反馈大多村民倾向的建筑类型是低层住宅，部分村民接受多层住宅。另一方面，经过市场调查看到了其他类似地区的成功经验——祥和社区建设一部分低层住宅便于前期村民搬迁积聚人气。所以本

次规划依据省新型农村社区规划建设导则在目前县总规城区建设用地边界外泥河西侧规划部分低层住宅。

5. 寻求布局形态的动静结合

外围城市道路规整，内部我们需寻求变化，换个角度打破规整，规划设计了自由灵活的道路网，使人们在移动的过程中体会到趣味灵活的环境景观。整体可概括为“外则规整，内则灵活”。

### （五）祥和社区村庄整合与建设规模

1. 村庄整合

本次规划根据村民意见、乡政府建议和用地规模，规划首批合并村庄为双庄、柳营和谭营村，包含 18 个自然村（见下表 7-12）。其中 6 个自然村吴朝庄、朱庄、双庄、望其营、张天庄、苗庄现状已在县城现状建成区范围内，进行城中村改造，就地城镇化。其余 12 个村进行迁并，迁并户数为 1936 户，迁并人口为 7882 人，则祥和社区人口规模为 7882 人。迁并村庄人均用地 206.8 平方米，人均耕地面积为 1.3 亩。原村庄总占地为 163 公顷，现占地 58.31 公顷，节约用地 104.69 公顷。

表 7-12　祥和社区迁并村庄情况汇总表

<table>
<tr><th>序号</th><th>行政村</th><th>自然村</th><th colspan="2">户数(户)</th><th colspan="2">人口(人)</th><th colspan="2">村庄面积(亩)</th><th colspan="2">耕地面积(亩)</th><th>备注</th></tr>
<tr><td rowspan="7">1</td><td rowspan="7">双庄村</td><td>吴朝庄村</td><td>46</td><td rowspan="7">398</td><td>195</td><td rowspan="7">1354</td><td>69</td><td rowspan="7">594.6</td><td>0</td><td rowspan="7">2180</td><td>已在城区不搬迁</td></tr>
<tr><td>朱庄村</td><td>228</td><td>891</td><td>296.4</td><td>280</td><td>已在城区不搬迁</td></tr>
<tr><td>双庄村</td><td>131</td><td>504</td><td>196.5</td><td>55</td><td>已在城区不搬迁</td></tr>
<tr><td>小庄村</td><td>89</td><td>327</td><td>195.9</td><td>332</td><td></td></tr>
<tr><td>韦庄村</td><td>195</td><td>627</td><td>273</td><td>1208</td><td></td></tr>
<tr><td>铁庙村</td><td>114</td><td>400</td><td>125.7</td><td>640</td><td></td></tr>
<tr><td>望其营村</td><td>280</td><td>1170</td><td>365.7</td><td>347</td><td>已在城区不搬迁</td></tr>
</table>

续表

<table>
<tr><th>序号</th><th>行政村</th><th>自然村</th><th colspan="2">户数(户)</th><th colspan="2">人口(人)</th><th colspan="2">村庄面积(亩)</th><th colspan="2">耕地面积(亩)</th><th>备注</th></tr>
<tr><td rowspan="6">2</td><td rowspan="6">柳营村</td><td>柳营村</td><td>325</td><td rowspan="6">821</td><td>1290</td><td rowspan="6">3228</td><td>357.5</td><td rowspan="6">976.9</td><td>1620</td><td rowspan="6">3660.7</td><td rowspan="2">已在城区不搬迁</td></tr>
<tr><td>张天庄村</td><td>80</td><td>288</td><td>21.6</td><td>368</td></tr>
<tr><td>代庄村</td><td>74</td><td>323</td><td>96.2</td><td>130</td><td></td></tr>
<tr><td>毛苔村</td><td>278</td><td>1025</td><td>333.6</td><td>1195</td><td></td></tr>
<tr><td>庙岗村</td><td>128</td><td>539</td><td>166.4</td><td>631</td><td></td></tr>
<tr><td>小岗村</td><td>16</td><td>51</td><td>23.2</td><td>84.7</td><td></td></tr>
<tr><td rowspan="5">3</td><td rowspan="5">谭营村</td><td>陈郎店</td><td>169</td><td rowspan="5">717</td><td>885</td><td rowspan="5">3300</td><td>185.9</td><td rowspan="5">873.45</td><td>1101</td><td rowspan="5">4226.5</td><td></td></tr>
<tr><td>大柴庄</td><td>131</td><td>563</td><td>144.1</td><td>726</td><td></td></tr>
<tr><td>排房</td><td>42</td><td>189</td><td>50.4</td><td>261</td><td></td></tr>
<tr><td>谭营</td><td>375</td><td>1663</td><td>493.05</td><td>2138.5</td><td></td></tr>
<tr><td>苗庄</td><td>186</td><td>690</td><td>93.75</td><td>401</td><td>已在城区不搬迁</td></tr>
<tr><td colspan="3">合计</td><td colspan="2">1936</td><td colspan="2">7882</td><td colspan="2">2444.95</td><td colspan="2">10067.2</td><td></td></tr>
</table>

2. 建设规模

祥和社区人口规模为 7882 人,1936 户,规划用地面积为 58.31 公顷(合 875 亩),建设用地为 56.65 公顷,道路红线内面积为 43.69 公顷,绿线内面积为 32.65 公顷,总建筑面积为 321867 平方米,整体容积率为 0.99。其中,社区居住区用地面积为 28.77 公顷,规划建筑面积为 295710 平方米,容积率为 1.03。

**(六)规划布局**

深化祥和社区控制详细规划要求,以控规要求图则为基础,协调周边功能区,统筹安排,集约利用土地;充分利用自然条件,挖掘地方文化内涵,体现地方特色多样性,传承文化。

1. 用地规划(图 7-7)

居住用地面积为 28.77 公顷,占社区建设总用地的 50.33%。社区的

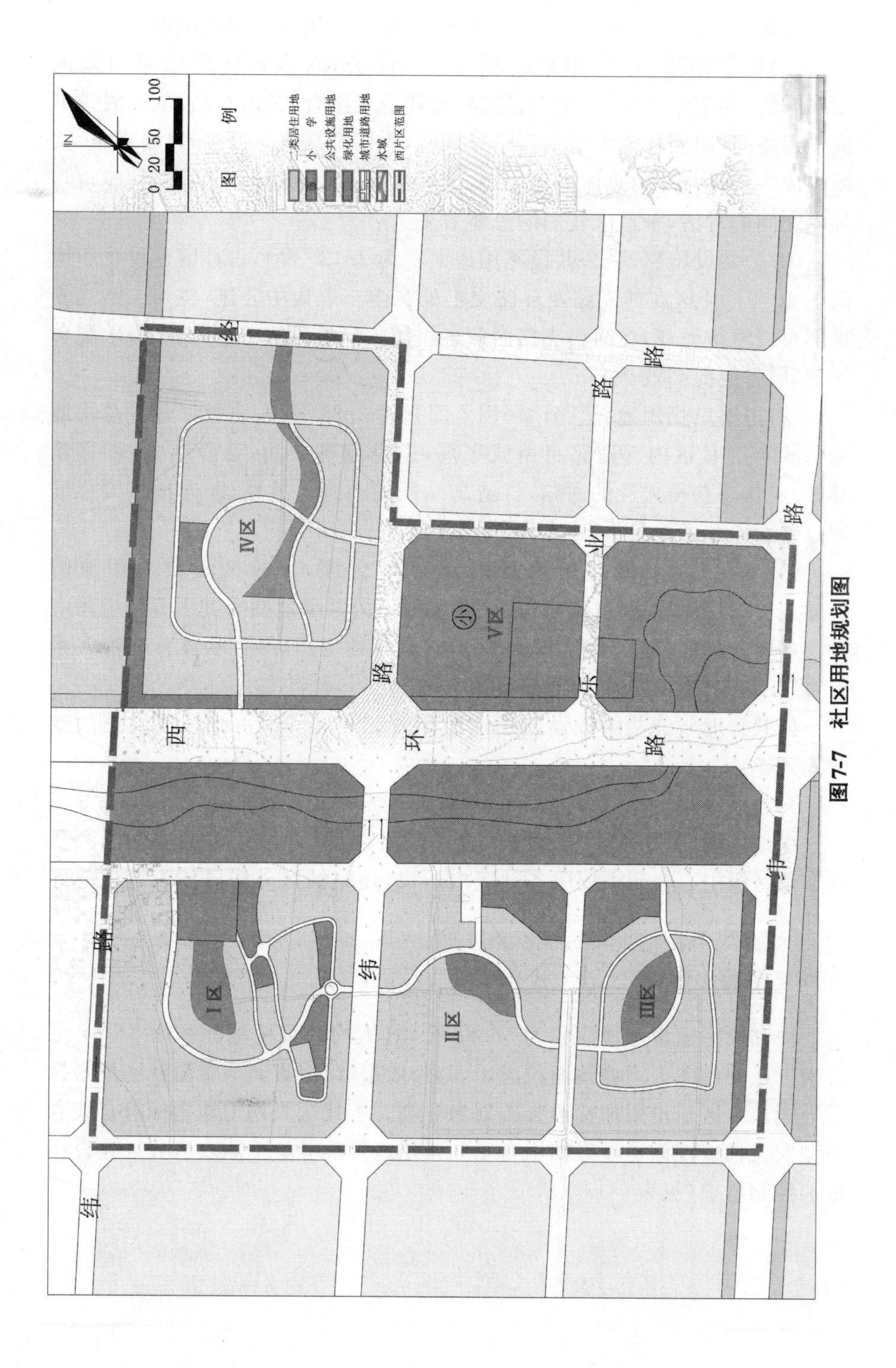
图例
二类居住用地
小学
公共设施用地
绿化用地
城市道路用地
水域
西片区范围
0 20 50 100
N
Ⅰ区
Ⅱ区
Ⅲ区
Ⅳ区
Ⅴ区
西环路
乐业路

**图7-7　社区用地规划图**

居住用地包括住宅用地、公共设施用地、道路广场用地和绿化用地。

(1)住宅用地:住宅用地面积为 22.64 公顷,占社区建设总用地的 78.69%。住宅结合地形、水系、道路、公建有机组合,灵活布局:低层联排形成连续空间,四层住宅沿路临河略显妖娆,六层高层屹立河东,风姿卓越,共同组成"一河两岸"的总体居住形态,进而从社区和周边地区的共生、建筑与环境之间的对话,来追求我们的总体效果。

(2)公共设施用地:公共设施用地面积为 2.13 公顷,占社区建设总用地的 7.40%。社区在纬二路西环路交汇处东南布置集中公建,在纬二路北侧局部布置沿街底商,在河西支路西侧各组团入口处设置综合公建,力求配套齐全,服务便捷高效。

(3)道路广场用地:道路广场用地面积为 2.25 公顷,占社区建设总用地的 7.82%。社区内部道路自由式布局,道路通畅灵活,动静结合,步移景异,心灵涤荡获得人性的回归,打造高品质的小区。另外,区内按相关标准配建路面停车场地若干。

(4)绿化用地:绿化用地面积为 1.75 公顷,占社区建设总用地的 6.08%。绿化用地指社区内部的公共绿地。公共绿地则布置于各个组团中心及主要入口处,加之小区水系的引入,串联各组团,结合水体营造怡人水景,形成"碧水连家"的沿河生态通廊。

公共管理与公共服务设施用地面积为 3.87 公顷,占社区建设总用地的 6.83%。

交通设施用地面积为 12.96 公顷,占社区建设总用地的 22.88%。

绿地用地面积为 11.04 公顷,占社区建设总用地的 19.49%。泥河景观带及区级中心公园不仅服务社区内居民,还是社区外居民休闲游乐的好去处。

### 2. 用地比例说明

祥和社区建设用地面积为 56.65 公顷,人均建设用地面积为 71.87 平方米。迁并村庄人均耕地面积为 1.3 亩,依据《河南省新型农村社区规划建设导则》,社区建设用地标准分类划为Ⅱ类。本社区人均用地指标符合我省新型农村社区规划建设导则中 4.1.3 条用地标准Ⅱ类平原农区社区建设用地的控制要求(见表 7-13)。

**表 7-13　祥和社区建设用地汇总表**

| 用地代码 | 用地名称 | | 用地面积($hm^2$) | 占城市设用地比例(%) | 人均城市建设用地面积($m^2$) |
|---|---|---|---|---|---|
| R | 居住用地 | | 28.77 | 50.79 | 36.50 |
| A | 公共管理与公共服务设施用地 | | 3.87 | 6.83 | 4.91 |
| | 其中 | 行政办公用地 | 1.09 | 1.92 | 1.38 |
| | | 教育科研用地 | 2.79 | 4.92 | 3.54 |
| S | 交通设施用地 | | 12.96 | 22.88 | 16.44 |
| G | 绿地 | | 11.04 | 19.49 | 14.01 |
| | 其中 | 公园绿地 | 10.22 | 18.04 | 12.97 |
| | | 防护绿地 | 0.82 | 1.45 | 1.04 |
| H11 | 城市建设用地 | | 56.65 | 100 | 71.87 |

备注：规划人口规模 7882 人。

由于本社区位于城区，并且划分为 4 个居住组团，相关指标以《城市居住区规划设计规范》为主要依据，按居住组团标准控制各类用地规模（见表 7-14）。

**表 7-14　居住区建设用地汇总表**

| 用地类别 | 用地面积($hm^2$) | 占建设用地比例(%) | 人均建设用地指标($m^2$/人) |
|---|---|---|---|
| 住宅用地 | 22.64 | 78.69 | 28.72 |
| 公共设施用地 | 2.13 | 7.40 | 2.70 |
| 道路广场用地 | 2.25 | 7.82 | 2.85 |
| 绿化用地 | 1.75 | 6.08 | 2.22 |
| 建设总用地 | 28.77 | 100 | 36.50 |

3. 布局结构

本次规划在总体布局上以“河东为核、一带贯穿、两轴交错、两片四团”为主要格局，并对理性的区划和微观的人类行为进行综合考虑，由此形成了适宜人居的协调的新型社区。其中南北向中央景观带和水景绿化轴使小区既突显了北方的大气，又体现了江南的秀丽，是社区和整体文化环境共生的特质（图 7-8）。

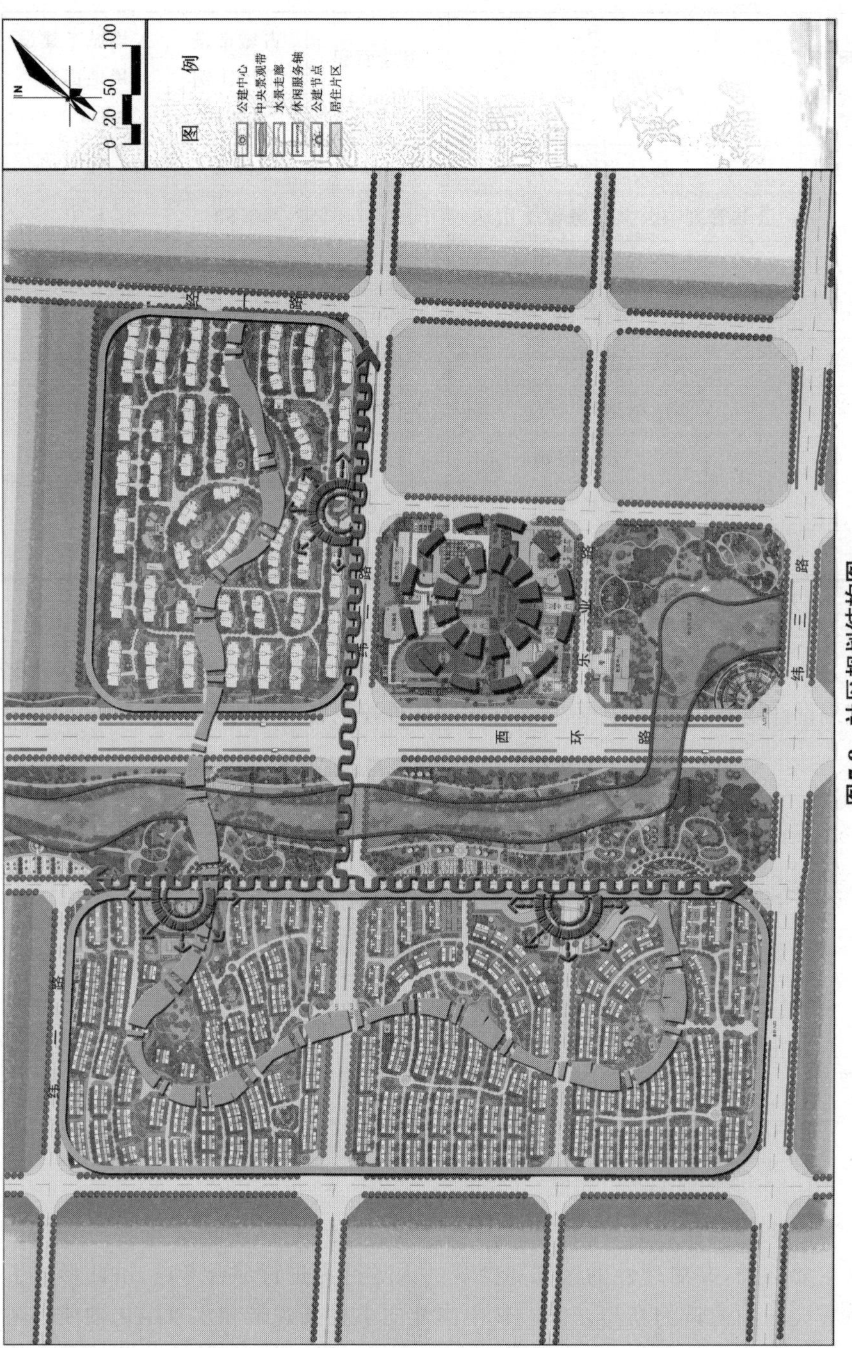


图7-8 社区规划结构图

(1)河东为核——社区核心

整个社区的核心部分,形成了社区的最中心的地带,也就是整个社区的功能和精神的内核,其中集中了社区最主要的公建(如综合服务楼、社区委员会等等)和最开敞的水面及与之共存的大地景观。

(2)一带贯穿——中央景观带

中央景观带是社区的脊梁,在这条景观带上,人们能够与阳光最亲密的接触,听到潺潺的流水声、享受音乐广场带来的快乐。社区设有两个主要出入口,位置分别在南侧和北侧的中央,也正是中央景观带的两个端头,其中南段的入口是小区的主要出入口。

(3)两轴交错—休闲服务轴

“T形”休闲服务轴是一个集聚人气的所在,为整个社区提供的最主要的服务设施,并在一定程度上丰富了整个社区的景观构成和休憩环境。

(4)两轴交错—水景绿化轴

本次规划充分考虑和各个组团的关系,引入水景走廊,并充分考虑与休闲步行系统的有机结合,成为本次规划的另外一个亮点,也是规划理念的体现。

(5)两片四团

以上这些主要结构把整个社区分成东西两个相互联系又各成体系的居住片区,西部居住片区为低多层混合住宅区,包括三个居住组团;东部居住片区为多高层混合住宅区,包括一个居住组团。这样就构成了本次规划最基本的四个住宅组团,即“两片四团”。

3. 功能分区(图7-9)

规划依据用地特点与布局结构,将社区由西向东、由北向南分为六个区域,每个区域又细分为低层住宅区、多层住宅区、高层住宅区、公共设施区和绿地。

低层住宅区位于社区的西片区。该区是前期村民搬迁的主要区域。

多层住宅区分布于西片区沿河地带和东片区。前者位置在低层为主的区域,是村民搬迁的过渡地带,规划的4层住宅。后者在东片区,为小区成熟阶段。

高层住宅区布置于东片区中心和北部沿街地带。在该区是社区制高点标志性建筑,起到形象宣传作用,又丰富了城市街景。

公共设施区它是整个社区的神经中枢,各自配套广场、绿化设施,同时兼顾区域居住小区的公共服务功能。

绿地包括公园用地和居住组团中心绿地。

五个功能分区相互依托,相互联系,共同组成了一个整体。

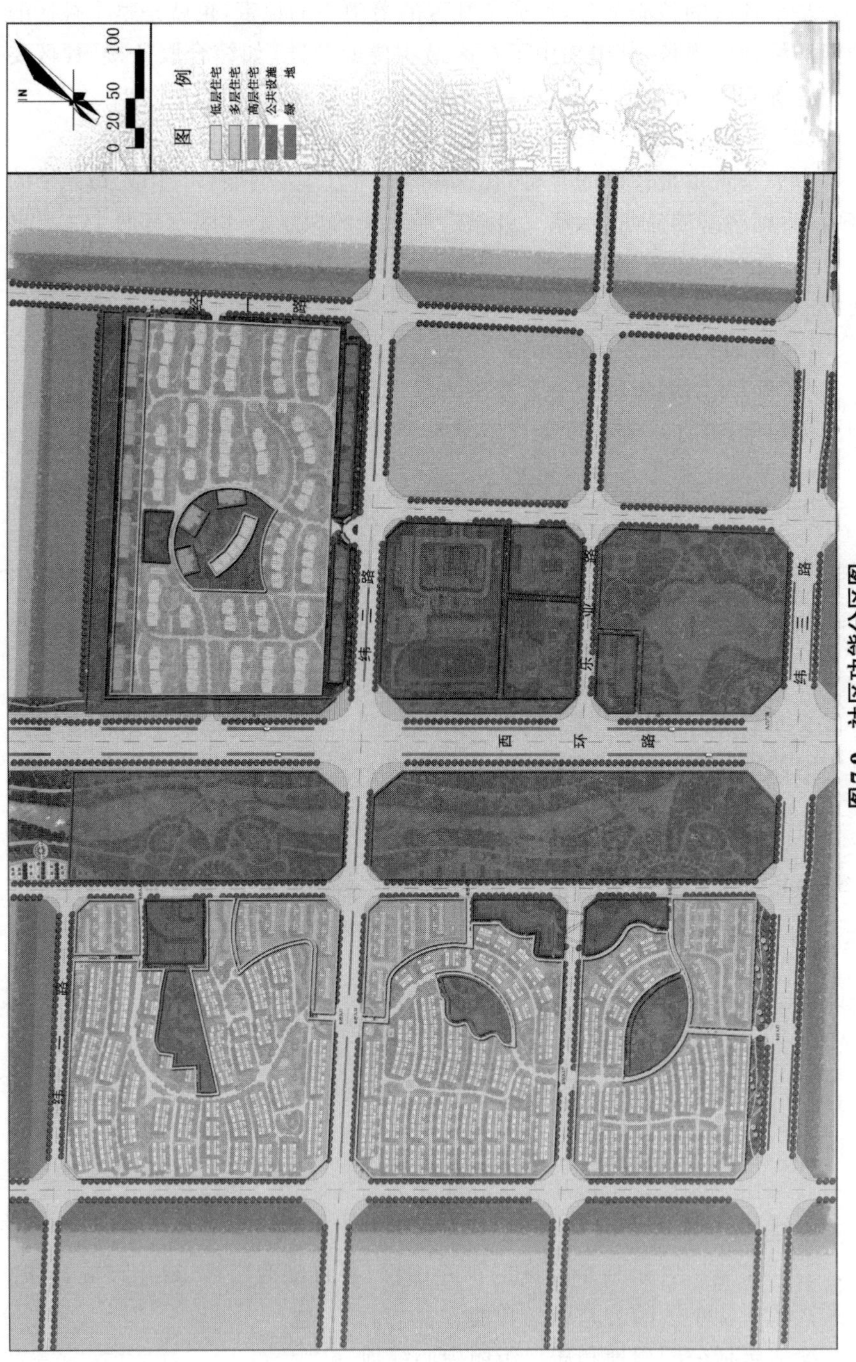


图7-9 社区功能分区图

4. 配套设施规划——自由的活动与交往(图 7-10)

(1)公共服务设施

居住区级独立占地的公共服务设施，在社区东南部的公建设施中心设置，规划有社区委员会、综合服务设施和中心小学。

①社区委员会占地 2739 平方米，建筑面积为 2700 平方米。

②综合服务设施占地 8142 平方米，建筑面积为 3500 平方米。其中内部设置有社区服务中心 500 平方米、礼堂 100 平方米、计生站 50 平方米、治安联防站 50 平方米、卫生站 500 平方米、室内文化活动中心 2000 平方米、小型图书馆 250 平方米和科技服务点 50 平方米。

③中心小学与县教育部门对接，规划为寄宿式，占地 27868 平方米，建筑面积为 12325 平方米。按照居住区规模区域共享，配建 24 班，1200 人，寄宿人数为 360 人，占总人数的 30%。

④市民广场结合综合服务设施设置，占地 2057 平方米。

另外，养老院与以城郊乡现状为基础规划的社区老人之家结合设置，位于乐业路与北京路交汇处。

(2)社区组团服务设施

社区组团服务设施有物业管理、教育设施、商业服务、文化体育、金融邮电、医疗卫生、市政公用设施和停车场。

①物业管理结合各组团主入口沿街公建设置物业管理用房。

②教育设施东片区组团内部设置 1 个 6 班规模幼儿园，西片区结合组团公建设置 2 个 3 班规模幼儿园。

③商业服务设施结合各组团入口沿街公建设置，包括便民店、农副产品经营点、超市、饭店、药店等其他设施。

④文化体育设施结合各组团公建设置室内文体活动中心；结合组团中心绿地设置室外文体活动场。

⑤金融邮电设施结合各组团入口沿街公建设置，包括储蓄、邮电代办点。

⑥医疗卫生设施结合各组团公建设置，包括诊所。

⑦市政公用设施各组团结合组团绿地单独设置公厕用房 4 处，每个建筑面积 60 平方米；东西片区各设置一处垃圾收集转运站，每个建筑面积 60 平方米；根据户数及用电规模，设置 1 处开闭所，建筑面积 300 平方米，设置 12 处变电所，采用室外箱变形式；此外，在西环、纬二路交汇处东北角设置 1 处燃气调压站。

⑧停车位西片区 448 个室内车库，176 个地面停车位；东片区 100 个地面停车位，1000 个地下车位，停车率达 90%。低层住宅车库还具有农具存

图7-10 社区配套设施规划图

放的功能。

⑨人防设计按照人防工程建设管理规定，结合地下停车场设置 35000 平方米。

5. 道路交通规划——供游历的的街道广场，走在风景怡人的回家路上（图 7-11）

规划道路总体分为两级城市道路和小区级道路。其中，城市道路分为主干路、次干路和支路；小区级道路分为主要道路、组团路和宅前路。主要采用“车行、步行交织”“通而不畅、顺而不穿”的方式布局，形成“外部四横五纵，内部四环连理”的路网结构。

外部四横五纵，地块外部整体形成四横五纵规则路网；内部四环连理，地块内部环路曲折连理成枝。

组团内部四环连理的路网结构体现“新城市主义”，曲线型主路确定社区的不规则道路骨架系统，减少车流量和增加社区的可步行性，控制车行速度。

城市道路与城区道路系统进行对接。

（1）城市主干路

西环路：规划红线宽 60 米，三块板，横断面 A－A　60＝9.0＋6.5＋3.0＋23＋3.0＋6.5＋9.0。

纬三路：规划红线宽 40 米，三块板，横断面 D1－D1　40＝4.5＋5.0＋3.0＋15＋3.0＋5.0＋4.5。

（2）城市次干路

纬二路：规划红线宽 30 米，两块板，横断面 G－G　30＝2.5＋11.5＋2.0＋11.5＋2.5。

经一路：规划红线宽 25 米，两块板，横断面 H－H　25＝3.0＋9.0＋1.0＋9.0＋3.0。

（3）城市支路

学校东侧支路：规划红线宽 25 米，一块板，横断面 H－H　25＝3.0＋9.0＋1.0＋9.0＋3.0。

社区西侧支路：规划红线宽 25 米，一块板，横断面 H－H　25＝3.0＋9.0＋1.0＋9.0＋3.0。

河西支路：规划红线宽 20 米，一块板，横断面 I－I　20＝3.0＋14.0＋3.0。

乐业路：规划红线宽 20 米，一块板，横断面 I－I　20＝3.0＋14.0＋3.0。

纬一路：规划红线宽 20 米，一块板，横断面 I－I　20＝3.0＋14.0＋3.0。

（4）小区主要道路

规划路面宽 7 米，构筑物墙体后退 3 米。

图7-11　社区道路系统规划图

(5)小区组团路

规划路面宽4米,构筑物墙体后退2米。

(6)小区宅间路

规划路面宽4米,构筑物墙体后退1米。

静态交通规划也是本次规划设计的重要方面,充分考虑停车场库的安排,整体停车率达90%。机动车停车分为三种方式:(1)住宅底层车库;(2)宅间停车;(3)地下停车。

6. 景观环境规划——与自然的对话,与河流的沟通(图7-12)

(1)总体景观构架

总体景观构架和社区总体结构紧密联结,体现在每个结构要素上的景观化设计思路,并且提出了合理的分区景观特色设计,形成“一心、四轴、多节点”的主要构架,营造田园古韵的景观效果,构筑以水系为主干、四周绿色通透的生态网络,并以多层次的绿化生态环境组织人与自然,建筑与自然交融的生态空间。

(2)一心——景观核心区

景观核心区是以中心的大水面以及与之相适应的大地景观一体化的核心景区,成为整个社区景观中最重要的一笔,其中糅合了各种景致,可谓美不胜收。

(3)四轴——景观轴线

一条南北向景观主轴(中央景观带)。中央景观轴是整个小区景观构架中的主线,它不但结合小区中心绿地和水景塑造小区景观形象,并且通过融合个总不同的景观特色把整个社区的景观结构联系在一起形成一个完整的构架。

三条东西向景观次轴。在景观规划设计时,引入水景走廊,设计三条景观次轴,出于对环境艺术创造的整体性的考虑,使东西各个组团与景观主轴联通,成为社区景观中的一个亮点。

(4)景观渗透多节点

三条东西贯通社区的景观次轴虽然不是社区景观的主角,但它们是进一步沟通各种特质的景观,通过它们将景观主轴的绿化空间渗透到各个组团,形成多个景观节点,达到社区各种类型的景观的共生提供了可能性,并且很好地与各组团内交通相结合,是人们无论在步行还是行车时都是能有良好的视觉景观效果,达到移步换景、步移景异的境界。

7. 文化元素分析(图7-13)

文化主题——三仙醉酒居新城——望、品、醉、居。

图7-12 社区绿地景观系统规划图

图7-13　社区文化元素分布图

(1)商文化——诚信者福禄寿三仙庇护

与酒文化结合,体味三仙醉酒。主要融入区域为西片区的三个居住组团,取名寓意"三仙望酒园、三仙品酒园、三仙醉酒园",并有社区入口广场"醉忆码头"、沿河休闲带"醉野仙踪"与之呼应,同时亦体现酒文化。

(2)酒文化——御酒之乡千里醉人

与商文化结合,为酒仙赴千里。主要融入区域在河东公建区,市民广场取名寓意"千里聚义",同时突出诚信商文化。

(3)中原第一明清古城,刘秀赊旗故地——古韵新城

古镇清风传承传统古今结合的建筑,就是最明显直观的回答。主要融入区域是东片区居住组团,取名寓意"三仙醉居园",承接河西组团寓意,展现古韵新城、现代创新与发展的新型农村社区景象。

### (七)建筑设计——亲切的房间

#### 1. 整体风格

通过对社旗县和城郊乡特定的地域品质加以挖掘,对建筑单体形态及空间的处理加以把握,深化"古城新韵"设计理念,对建筑设计加以定位,整体采用"古镇清风、传承传统"的清代新古典建筑风格,来增强建筑的归属感,本土的认同感,营造"亲切的房间",并且在"亲切的房间"里感受建筑空间与外围景观的水乳交融,交相辉映的胜景,体会古城新韵、碧水连家的社区新生活(图 7-14)。

#### 2. 住宅设计

住宅的布局尽量避免出现"行列式"布局,在满足日照间距的前提下,灵活自然地排布住宅,形成曲线型的空间形式。曲线型的住宅建筑的布局,使住户在拥有优美绿化景观的同时,拥有宜人的建筑景观。

住宅设计中力求作到以下几点:房间齐备,套内安排卧室、起居、餐厅、储藏等基本空间,并参照不同的标准进行了房间面积和面宽的设计;公共空间与私密空间没有相互干扰,交通顺畅,起居厅与餐厅、厨房空间配置紧密协调,并设有入户的过渡空间,紧凑的空间布局使建筑使用面积系数均达到了 75%以上。所有房间都有直接采光,保证了日照的要求。

住宅整体风格为古镇清风、传承传统的清代新古典建筑风格,传统与现代相结合,坡屋顶、清式马头墙、清式窗、古青砖、传统线脚、传统窗楣、入户门等与现代的功能使用、审美观、门窗、栏杆等相融合,并与户外清水绿树精心营造的田园古韵特色的居住空间相呼应。

图7-14　社区整体鸟瞰图

在户型和面积的选择上，我们根据迁并村民的要求，按照层数设计了低层住宅户型、四层复式住宅户型、六层住宅户型和高层住宅户型四类，以满足各个层次的居住需求。具体户型效果如图 7-15 至图 7-18。

图 7-15　低层住宅效果示意图

图 7-16　四层住宅效果示意图

图 7-17　6 层住宅效果示意图

图 7-18　东片区高层住宅示意图

3. 主要公建

(1)社区委员会办公楼

社区居委会办公楼采用青灰瓦坡屋顶,局部平顶加青灰色装饰构件,层数为3层。立面材质以暖色小片矩形三色砖为主,局部雅白色高级涂料,白色玻璃、墨绿色铝合金窗,局部装饰清代窗花,造型力求庄重而不失明快、古朴而不失现代,体现"古镇清风的清代新古典建筑风格"(图7-19)。

图7-19 社区委员会办公楼示意图

(2)综合服务楼

综合服务楼采用青灰瓦双坡、平顶和清式马头墙相结合的屋顶形式,正面外边缘采用青灰瓦单坡形式,层数为3层。立面实墙材质为暖色方形三色砖,白色玻璃、墨绿色铝合金窗,局部清式窗花玻璃幕墙,造型进退有序、虚实结合、精巧丰富,体现"古镇清风的清代新古典建筑风格"(图7-20)。

## 五、规划实施

开展新型农村社区建设,不是对城市社区建设模式的简单复制,要根据农村发展实际,顺应农民需求,认真探索和实践。要因地制宜,分类指导,充分考虑当地财力和群众的承受能力,从解决农民群众最直接、最现实的利益问题入手,切实抓好各项措施的落实。

(1)建立健全新型农村社区建设领导体制和工作机制。各级政府要高度重视新型农村社区建设工作,积极探索新型农村社区建设工作的组织形式,建立健全由民政部门牵头、有关部门协同、村级组织承办、社会力量支持、群众广泛参与的新型农村社区建设领导体制和工作机制。建立新型农村社区建设联席会议制度,协调解决新型农村社区建设中的相关问题。要明确工作职责,制定工作计划,分解落实任务,加强督促检查。有关部门要各司其职,相互配合。

图 7-20　综合服务楼示意图

(2)制定新型农村社区建设发展规划和年度计划。各地要从实际出发,积极探索完善新型农村社区的设置模式,制定切实可行的发展规划和年度实施计划。乡镇要制定新型农村社区建设工作实施意见,建立考核、民主评议、工资待遇、保险、奖惩、培训管理等制度,形成多层次的社会参与机制。切实加强新型农村社区组织建设,健全村民会议、村民代表会议和村务公开民主管理等工作制度,保证农民群众依法直接行使民主权利,依法管理基层公共事务和公益事业,支持和保障新型农村社区建设工作有效开展。

(3)建立社会广泛参与的社区工作队伍。积极探索引导农民群众参与社区建设和活动的有效机制,充分发挥社区人大代表、政协委员、村民代表、党员、团员、致富能人、驻社区单位代表、老干部、老农民、老模范、老教师、老复员退伍军人和热心公益事业的积极分子的作用。根据新型农村社区居民需要，成立社会互助救助、环境卫生监督、民间纠纷调解、文体娱乐活动、公益事业服务、计划生育服务、生产发展服务、科技致富服务等新型农村社区志愿者组织和专业协会，积极开展各种类型的服务。建立新型农村社区志愿者注册制度，完善社区志愿者激励机制。为新型农村社区志愿者组织开展服务活动提供必要的场地，给予适当经费补助，促进新型农村志愿服务活动快速健康发展。

(4)加强新型农村社区基础设施建设。积极探索确定新型农村社区服务功能，引导社会救助、社会福利、社会保障以及教育、卫生、文化、科技、法律等公共服务进社区。切实抓好社区服务组织平台、社区服务设施平台和社区服务网络平台建设，逐步建立和完善村务室、会议室、警务室、为民服务全程代理点、图书阅览室、多功能活动室、现代远程教育中心、社区卫生服务站、社区公务公开栏、文化娱乐场地。

(5)健全新型农村社区建设投入机制。各级政府要将新型农村社区建设列入本地区经济社会发展规划，加大投入和政策扶持力度，安排一定的新型农村社区建设经费。培育发展新型农村社区志愿者组织、民间组织和兴办社区公益性事业。整合社会资源，挖掘社区潜力，鼓励社会力量投资兴办新型农村社区服务和公益事业。提倡县、乡政府部门和有关单位结对帮扶新型农村社区，投入相应的人力、财力、物力，推进农村社区建设。

提出新型农村社区建设运作模式：

(1)设立集体建设用地收购专项基金。在一定地区范围内公布集体建设用地基准地价；以平衡农村集体和农村个人收益关系为核心，在不损害农村个人利益，也不损害农村集体利益的情况下，对农村集体建设用地进行收购。

(2)开发商介入新型农村社区的整合与建设。允许集体建设用地以整村的形式，在村集体与开发公司之间出让与转让。开发公司必须购得原有整村的集体建设用地，才能进行新农村的开发与建设。开发公司资金不足时，可以申请政府收购基金与之捆绑并在农村展开收购，但新型农村社区建设产生的用地指标，需按投入的资金比例，在开发商和政府之间进行分配。

提出“政府收购＋自由流转”模式，推进祥和社区建设，使之成为新型农村社区的典范，使社区落地生根，成为村民的新家园，社会的新构成，经济的新载体，历史的新记忆。“政府收购＋自由流转”模式的流程如下：

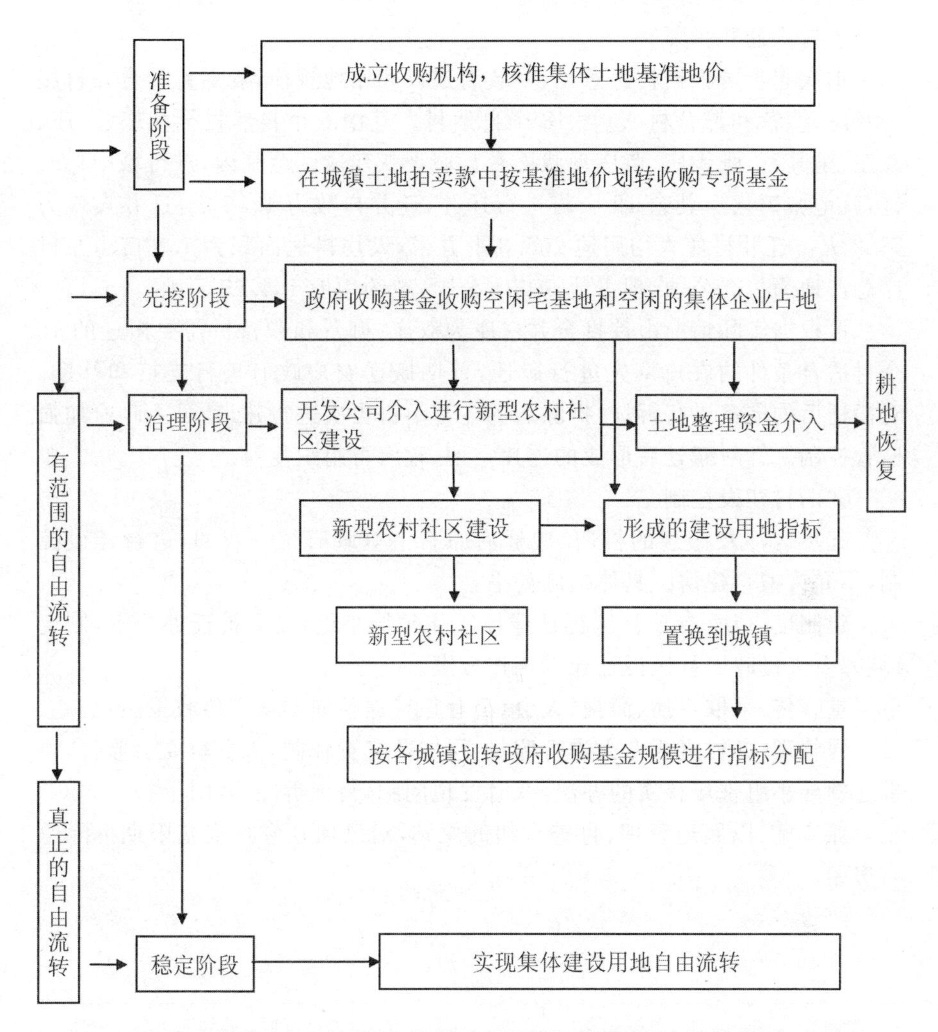


(3)进一步提高居民的社区建设意识和整体素质。努力提高广大人民群众的社区意识和整体素质,逐步适应新型农村社区发展的要求。政府各部门要通过各种渠道,利用电视、广播、报纸、杂志等宣传媒体,采取农民喜闻乐见的形式,大力宣传和积极倡导新型农村社区建设的重大意义,向农民灌输新的思想观念、文明的生活方式,增强他们的城市意识、文明意识、法制意识、环境意识、社会公德意识,形成追求文明和良好行为习惯的风气,促使其从传统农民向现代市民的转变。

(4)逐步完善村庄迁并步骤及旧村建设控制措施。社区建设要严格执行村镇建设用地标准等国家城乡建设规范及河南省地方建设法规,按照既有利于保护耕地、节约土地,又有利于促进城镇化发展的原则,正确处理好社区建设与合理利用土地、保护土地的关系。具体内容如下:

①村庄迁并步骤。

本次起步区根据村民意见、乡政府建议和用地规模，规划首批合并村庄为双庄、柳营和谭营村，包含18个自然村。其中6个自然村吴朝庄、朱庄、双庄、望其营、张天庄、苗庄现状已在县城现状建成区范围内，进行城中村改造，就地城镇化。其余12个村进行迁并，迁并户数为1936户，迁并人口为7882人。迁并村庄人均用地206.8平方米，人均耕地面积为1.3亩。原村庄总占地为163公顷，现占地58.31公顷，节约用地104.69公顷。

可根据实际情况由首批合并村庄为双庄、柳营和谭营村需要搬迁的12个村适合条件的农户率先进行搬迁，首期搬迁农户政府进行支持和补助。对搬迁后的宅基进行拆迁，拆除后的宅基不得再次进行建设，可由政府加强监管控制。针对搬迁后形成的连片空地，政府可组织复耕。

②旧村建设控制。

起步区涉及搬迁的村庄，搬迁后原有宅基政府统一收回，进行建设控制，不允许擅自建房。具体措施如下：

建制度：成立专项社区拆迁建设工作领导小组，设立拆迁办公室，制定《城郊乡人民政府社区拆迁建设工作方案》。

重宣传：采取广播、简报、大会、公开栏等途径向群众宣传政策法规。

强管理：各村责成专人进行监督，层层落实责任制，采取村委会监督，镇拆迁领导小组现场核实的办法，及时发现问题，督促拆除，及时上报。

抓实施：以属地管理、自查自纠的原则，对已搬迁农户宅基限期拆除原有房屋。

# 参考文献

[1]张波.中国城市成长管理研究[M].北京:新华出版社,2004.

[2]黎雨,冯海发.中国小城镇规划建设与发展管理[M].北京:人民日报出版社,2000.

[3]顾朝林,甄峰,张京祥.集聚与扩散——城市空间结构新论[M].南京:东南大学出版社,2000.

[4]段进.城市空间发展论[M].南京:江苏科学技术出版社,1999.

[5]张京祥.城镇群体空间组合[M].南京:东南大学出版社,2000.

[6]顾朝林,甄峰,张京祥.聚集和扩散——城市空间结构新论[M].南京:东南大学出版社,2000.

[7]汤铭潭.小城镇规划——研究标准、方法、实例[M].北京:机械工业出版社,2009.

[8]宛素春等.城市空间形态解析[M].北京:科学出版社,2004.

[9]喻定权等.城市空间形态与动态预测系统研究[M].长沙:湖南大学出版社,2008.

[10]储金龙.城市空间形态定量分析研究[M].南京:东南大学出版社,2007.

[11]汤铭潭,宋劲松,刘仁根.小城镇发展与规划[M].北京:中国建筑工业出版社,2012.

[12]李杨.城市形态学的起源与在中国的发展研究 [D].南京:东南大学,2006.

[13]吕娟.小城市城市设计的空间尺度研究——以兴城为例[D].重庆:重庆大学,2013.

[14]孙钊.生态城市设计研究——以武汉市为例[D].重庆:重庆大学,2013.

[15]褚正隆.城市中心区空间形态的集聚度控制策略初探——以重庆主城中心区为例[D].苏州:苏州科技学院,2009.

[16]林云华.英美城市设计引导研究[D].武汉:华中科技大学,2006.

[17]侯鑫.基于文化生态学的城市空间理论研究[D].天津:天津大

学,2004.

[18]苑思楠.传统城镇街道系统的空间形态基因研究[D].天津:天津大学,2004.

[19]雷婷.木兰形象传播问题探讨[J].商丘师范学院学报,2011,(10).

[20]金宝石,查良松.基于GIS的村镇管理信息系统设计与实现[J].地域研究与开发,2005,(4).

[21]于明洋,张子民,史同广.基于Supermap的中国传统村镇WEB-GIS管理平台构建研究[J].安徽农业科学,2011,39,(7).